学看 XUEKAN
建筑工程施工图丛书
JIANZHU GONGCHENG SHIGONGTU CONGSHU

建筑施工图

（第二版）

主编｜乐嘉龙　参编｜周锋　王红英

中国电力出版社
CHINA ELECTRIC POWER PRESS

内 容 提 要

本书是学看建筑工程施工图丛书之一。内容主要包括怎样看建筑总平面、平面、立面、剖面施工图，建筑工程施工图的编制，房屋建筑图的基本表示方法，怎样看剖面图与截面图，怎样看基础图，怎样看墙体图，怎样看楼梯图，怎样看楼板及楼地面图，怎样看门与窗图，怎样看屋顶图，怎样看建筑构造图等。为便于读者学习和掌握所学的内容，书末附有《总图制图标准》节录、《建筑制图标准》节录和建筑施工图实例及识图点评，有很强的实用性和针对性。

本书可作为从事建筑施工技术入门人员学习建筑施工图的学习指导书，也可供建筑行业其他工程技术人员及管理人员工作时参考。

图书在版编目（CIP）数据

学看建筑施工图/乐嘉龙主编 . —2 版 . —北京：中国电力出版社，2018.3
（学看建筑工程施工图丛书）
ISBN 978 - 7 - 5198 - 1687 - 2

Ⅰ.①学… Ⅱ.①乐… Ⅲ.①建筑制图—识图法 Ⅳ.①TU204

中国版本图书馆 CIP 数据核字（2018）第 008652 号

出版发行：中国电力出版社
地　　址：北京市东城区北京站西街 19 号（邮政编码 100005）
网　　址：http://www.cepp.sgcc.com.cn
责任编辑：乐　苑　（010 - 63412380）
责任校对：常燕昆
装帧设计：王红柳
责任印制：杨晓东

印　　刷：三河市航远印刷有限公司
版　　次：2002 年 1 月第一版　2018 年 3 月第二版
印　　次：2018 年 3 月北京第八次印刷
开　　本：787 毫米×1092 毫米　16 开本
印　　张：11.75
字　　数：286 千字
印　　数：29001—32000 册
定　　价：49.00 元

前 言

  图纸是工程技术人员共同的语言。了解施工图的基本知识和看懂施工图纸，是参加工程施工的技术人员应该掌握的基本技能。随着我国经济建设的快速发展，建筑工程的规模也日益扩大。刚参加工程建设施工的人员，尤其是新的从业建筑工人，迫切需要了解房屋的基本构造，看懂建筑施工图纸，为实施工程施工创造良好条件。

  为了帮助工程技术人员和建筑工人系统地了解和掌握识图的方法，我们组织编写了《学看建筑工程施工图丛书》。本套丛书包括《学看建筑施工图》《学看建筑结构施工图》《学看钢结构施工图》《学看给水排水施工图》《学看暖通空调施工图》《学看建筑装饰施工图》《学看建筑电气施工图》。本套丛书系统介绍了工程图的组成、表示方法，施工图的组成、编排顺序和看图、识图要求等，同时也收录了有关规范和施工图实例，还适当地介绍了有关专业的基本概念和专业基础知识。

  《学看建筑工程施工图丛书》第一版出版已经有十几年，受到了广大读者的关注和好评。近年来各种专业的国家标准不断更新，设计制图也有了新的要求。为此，我们对这套书重新校核进行了修订，增加了对现行制图标准的注解以及新的知识和图解，以期更好地满足读者对于识图的需求。

  限于时间和作者水平，疏漏和不妥之处在所难免，恳请广大读者批评指正。

编者

2018 年 2 月

第一版前言

图纸是工程技术人员的共同语言。了解施工图的基本知识和看懂施工图纸，是参加工程施工的技术人员应该掌握的基本技能。随着改革开放和经济建设的发展，建筑工程的规模也日益扩大。对于刚参加工程建筑施工的人员，尤其是新的建筑工人，迫切希望了解房屋的基本构造，看懂建筑施工图纸，学会这门技术，为实施工程施工创造良好的条件。

为了帮助建筑工人和工程技术人员系统地了解和掌握识图、看图的方法，我们组织了有关工程技术人员编写了《学看建筑工程施工图丛书》，本套丛书包括《学看建筑施工图》《学看建筑结构施工图》《学看建筑装饰施工图》《学看给水排水施工图》《学看暖通空调施工图》《学看建筑电气施工图》。本丛书系统介绍了工程图的组成、表示方法，施工图的组成、编排顺序和看图、识图要求等，同时也收录了有关规范和施工图实例，还适当地介绍了有关专业的基本概念和专业基础知识。

书中列举的看图实例和施工图，均选自各设计单位的施工图及国家标准图集。在此对有关设计人员致以诚挚的感谢。为了适合读者阅读，作者对部分施工图作了一些修改。

限于编者水平，书中难免有错误和不当之处，恳请读者给予批评指正，以便再版时修正。

编者

目 录

怎样看建筑总平面、平面、立面、剖面施工图

第一节　建筑总平面图

一、用途

总平面图表明一个工程的总体布局。它主要表示原有和新建房屋的位置、标高、道路布置、构筑物、地形、地貌等，作为新建房屋定位、施工放线、土方施工以及施工总平面布置的依据。

二、基本内容

（1）表明新建区的总体布局，如拨地范围、各建筑物及构筑物的位置、道路、管网的布置等。

（2）确定建筑物的平面位置，一般根据原有房屋或道路定位。

修建成片住宅、较大的公共建筑物、工厂或地形较复杂时，用坐标确定房屋及道路转折点的位置。

（3）表明建筑物首层地面的绝对标高，室外地坪、道路的绝对标高，说明土方填挖情况、地面坡度及雨水排除方向。

（4）用指北针表示房屋的朝向。有时，用风向玫瑰图表示常年风向频率和风速。

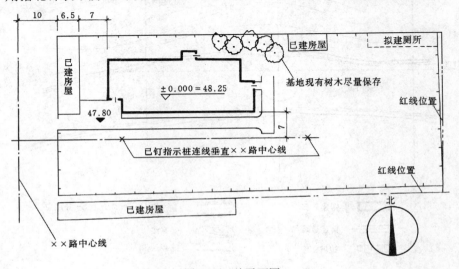

图 1-1　总平面图

（5）根据工程的需要，有时还有水、暖、电等管线总平面图，各种管线综合布置图，竖向设计图，道路纵横剖面图以及绿化布置图等。

三、看图要点

（1）了解工程性质、图纸比例尺，阅读文字说明，熟悉图例。

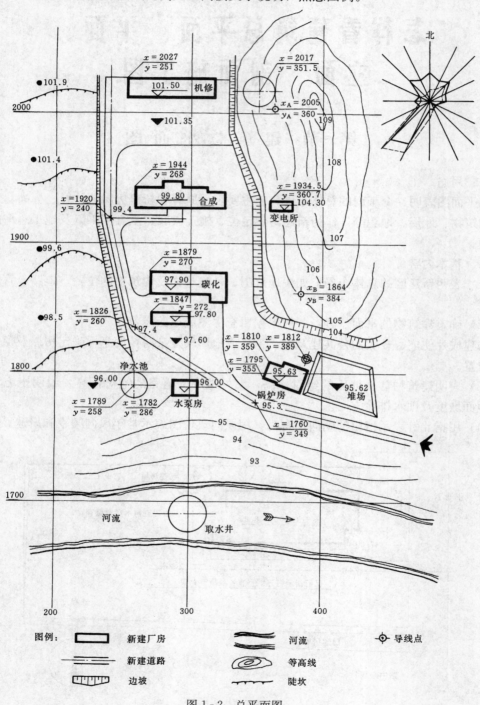

图 1-2　总平面图

2

（2）了解建设地段的地形，查看拨地范围、建筑物的布置、四周环境、道路布置。图1-1为某小学校总平面图，它表明了拨地范围与现有道路和民房的关系。

（3）当地形复杂时，要了解地形概貌。图1-2为某厂的总平面图。从等高线可看出：东北部较高，西南部略低，东部有一个山头，西部为四个台地，主要厂房建在中部缓坡上，锅炉房等建在较低地段。

（4）了解各新建房屋的室内外高差、道路标高、坡度以及地面排水情况，如图1-2所示。

（5）查看房屋与管线走向的关系，管线引入建筑物的具体位置。

（6）查找定位依据。

四、新建建筑物的定位

（1）根据已有的建筑或道路定位。如图1-1所示，教学楼的位置是根据原有房屋和道路定位。教学楼的西墙距原有建筑7m与道路中心线平长，西南墙角与原有建筑的南墙平齐。

（2）根据坐标定位。为了保证在复杂地形中放线准确，总平面图中常用坐标表示建筑物、道路、管线的位置。常用的表示方法有：

1）标注测量坐标。在地形图上绘制的方格网叫测量坐标网，与地形图采用同一比尺，以 100m×100m 或 50m×50m 为一方格，竖轴为 x，横轴为 y。一般建筑物定位应注明两个墙角的坐标，具体标注方法如图1-2中的锅炉房的标注方法所示。如果建筑物的方位为正南北向，就可只注明一个角的坐标，如图1-2中机修、合成等车间的标注方法所示放线时，根据现场已有导线点的坐标，如图1-2中A、B两导线点所示，用仪器导测出新建房屋的坐标。

2）标注建筑坐标。建筑坐标就是将建设地区的某一点定为 "O"，水平方向为 B 轴，垂直方向为 A 轴，进行分格。格的大小一般采用 100m×100m 或 50m×50m。用建筑物墙角距 "O" 点的距离确定其位置。如图1-3所示，甲点坐标为 $\dfrac{A=270}{B=120}$；乙点坐标为 $\dfrac{A=210}{B=350}$。放线时，即可从 "O" 点导测出甲、乙两点的位置。

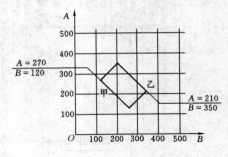

图1-3 坐标图

第二节 平 面 图

一、用途

施工过程中，放线、砌墙、安装门窗、作室内装修以及编制预算、备料等都要用到平面图。

二、基本内容

（1）表明建筑物形状、内部的布置及朝向。它包括建筑物的平面形状，各种房间的布置及相互关系，入口、走道、楼梯的位置等。一般平面图中均注明房间的名称或编号（如图1-4所示），首层平面图还标注指北针，表明建筑物的朝向。

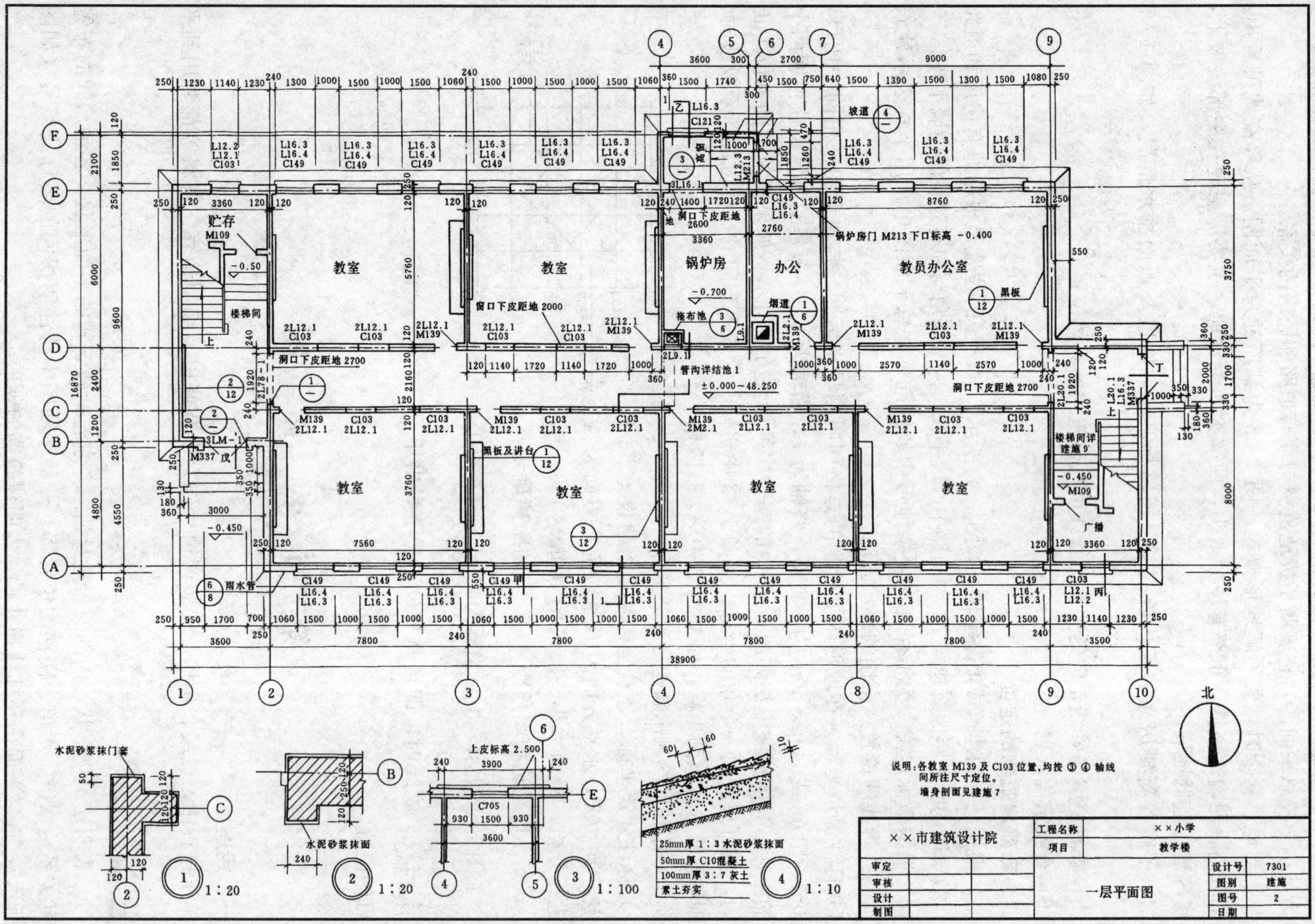
教室
锅炉房
办公
教员办公室
贮存
楼梯间
说明：各教室 M139 及 C103 位置，均按 ③ ④ 轴线间所注尺寸定位。
墙身剖面见建施 7
25mm厚 1：3 水泥砂浆抹面
50mm厚 C10混凝土
100mm厚 3：7 灰土
素土夯实
××市建筑设计院
工程名称
××小学
项目
教学楼
审定
审核
设计
制图
一层平面图
设计号
7301
图别
建施
图号
2
日期

图 1-4 平面图

（2）表明建筑物的尺寸。在建筑平面图中，用轴线和尺寸线表示各部分的长宽尺寸和准确位置。外墙尺寸一般分三道标注：最外面一道是外包尺寸，表明了建筑物的总长度和总宽度；中间一道是轴线尺寸，表明开间和进深的尺寸；最里一道是表示门窗洞口、墙垛、墙厚等详细尺寸。内墙须注明与轴线的关系、墙厚、门窗洞口尺寸等。此外，首层平面图上还要表明室外台阶、散水等尺寸。各层平面图还应表明墙上留洞的位置、大小、洞底标高等。在墙上留槽的表示方法见图1-5。

（3）表明建筑物的结构形式及主要建筑材料。图1-4所示的小学教学楼是混合结构，砖墙承重。从附录建施2平面图可看出，该车间是砖混结构，砖墙承重。

（4）表明各层的地面标高。首层室内地面标高一般定为±0.00，并注室外地坪标高。其余各层均注有地面标高。有坡度要求的房间内还应注明地面的坡度。

（5）表明门窗及其过梁的编号、门的开启方向。

1）注明门窗编号。从图1-4可以看出外墙窗上注有C149（C149代表标准窗的编号）。内墙注有C103（虚线表示高窗，并注明窗下皮距地面的尺寸），门上注有M337、M139等标准门的编号。此外，在平面图中还列出全部门窗表，说明各种门、窗的编号，高、宽尺寸，樘数等。

2）表示门的开启方向，作为安装门及五金的依据，如图1-6所示。

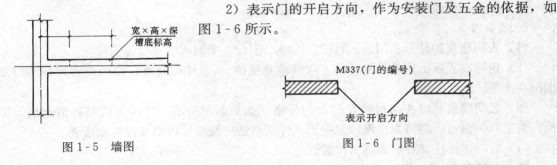

图1-5 墙图　　　　　　　　　　　图1-6 门图

3）注明门窗过梁编号。例如，图1-4平面图中⑩号轴线上M337门上注有$\frac{L20.1}{L16.3}$，C149窗上注$\frac{L16.4}{L16.3}$等通用门窗过梁编号（L代表过梁，16、20是过梁净跨为1600和2000，1、4、3代表荷载等级及截面类型）。

（6）表明剖面图、详图和标准配件的位置及其编号。

1）表明剖切线的位置，例如，图1-4平面图中有1-1剖切线，说明在此位置有一个剖面图。

2）表明局部详图的编号及位置，例如，图1-4平面图中⊖表明该点的详图在本张图纸上，编号为①。黑板讲台处标明$\frac{1}{12}$，表示该点详图在建施12图纸内，编号为①。

3）表明所采用的标准构件、配件的编号。例如，图1-4平面图中的拖布池采用标准配件SC-31。

（7）综合反映其他各工种（工艺、水、暖、电）对土建的要求。各工种要求的坑、台、水池、地沟、电闸箱、消火栓、雨水管等及其在墙或楼板上的预留洞，应在图中表明其位置及尺寸。例如，图1-4平面图中锅炉房要求地面标高降低为-0.70，北面出入口做坡道，内墙有烟囱。

（8）表明室内装修做法。包括室内地面、墙面及顶棚等处的材料及做法。一般简单的装修，在平面图内直接用文字注明；较复杂的工程则另列房间明细表和材料做法表，或另画建筑装修图。

（9）文字说明。平面图中不易表明的内容，如施工要求、砖及灰浆强度等级等，需用文字说明。

第三节　屋顶平面图、立面图和剖面图

一、房屋平面图

（1）表明屋面排水情况，如排水分区、天沟、屋面坡度、下水口位置等。

（2）表明突出屋面的电梯机房、水箱间、天窗、管道、烟囱、检查孔、屋面变形缝等的位置。

（3）屋面排水系统应与屋面做法表和墙身剖面图的檐口部分对照阅读。

二、立面图

1. 用途

立面图表示建筑的外貌，主要为室外装修用。

2. 基本内容

（1）表明建筑物外形和门窗、台阶、雨篷、阳台、烟囱、雨水管等的位置。

（2）用标高表示出建筑物的总高度（屋檐或屋顶）、各楼层高度、室内外地坪标高以及烟囱高度等。

（3）表明建筑外墙所用材料及饰面的分格。如立面图所示，外墙为机制砖清水墙，屋檐、窗上口、窗台、勒脚为水泥砂浆抹面。详细做法应翻阅总说明及材料做法表。

（4）有时还标注墙身剖面图的位置。

三、剖面图

1. 用途

剖面图简要地表示建筑物的结构形式、高度及内部分层情况。

2. 基本内容

（1）表示建筑物各部位的高度。剖面图中用标高及尺寸线表明建筑总高、室内外地坪标高、层标高、门窗及窗台高度等。

（2）表明建筑主要承重构件的相互关系。各层梁、板的位置及其与墙柱的关系，屋顶的结构形式等。

（3）剖面图中不能详细表达的地方，有时引出索引号另画详图表示。

以上各节所介绍的图纸，都是建筑施工图的基本图纸。为了表明某些局部的详细构造、做法及施工要求，采用较大比例尺绘成详图，其中包括：

（1）有特殊设备的房间，如实验室、厕所、浴室等，用详图表明固定设备的位置、形状，以及所需的埋件、沟槽等的位置及其大小。

（2）有特殊装修的房间，须绘出装修样图，例如吊顶平面、花饰、木护墙、大理石贴面等详图。

（3）局部构造详图，如墙身剖面、楼梯、门窗、台阶、消防梯、黑板及讲台等详图。

第二章

建筑工程施工图的编制

根据正投影原理及建筑工程施工图的规定画法，把一幢房屋的全貌及各个细微局部完整地表达出来，这就是房屋建筑工程施工图。建筑工程施工图是表达设计思想，指导工程施工的重要技术文件。本篇将着重介绍建筑工程各专业施工图的用途、图示内容和表达方法，为阅读和绘制房屋建筑施工图打下一定的基础。

第一节　施　工　图　的　产　生

一个建筑工程项目，从制订计划到最终建成，必须经过一系列的过程。建筑工程施工图的产生过程，是建筑工程从计算到建成过程中的一个重要环节。

建筑工程施工图是由设计单位根据设计任务书的要求、有关的设计资料、计算数据及建筑艺术等多方面因素设计绘制而成的。根据建筑工程的复杂程度，其设计过程分两阶段设计和三阶段设计两种。一般情况都按两阶段进行设计；对于较大的或技术上较复杂、设计要求高的工程，才按三阶段进行设计。

两阶段设计包括初步设计和施工图设计两个阶段。

初步设计的主要任务是根据建设单位提出的设计任务和要求，进行调查研究、搜集资料，提出设计方案，其内容包括必要的工程图纸、设计概算和设计说明等。初步设计的工程图纸和有关文件只是作为提供方案研究和审批之用，不能作为施工的依据。

施工图设计的主要任务是满足工程施工各项具体技术要求，提供一切准确、可靠的施工依据，其内容包括工程施工所有专业的基本图、详图及其说明书、计算书等。此外，还应有整个工程的施工预算书。整套施工图纸是设计人员的最终成果，是施工单位进行施工的依据。所以施工图设计的图纸必须详细、完整、前后统一、尺寸齐全、正确无误，符合国家建筑制图标准。

当工程项目比较复杂，许多工程技术问题和各工种之间的协调问题在初步设计阶段无法确定时，就需要在初步设计和施工图设计之间插入一个技术设计阶段，形成三阶段设计。技术设计的主要任务是在初步设计的基础上，进一步确定各专业间的具体技术问题，使各专业之间取得统一，达到相互配合协调。在技术设计阶段各专业均需绘制出相应的技术图纸，写出有关设计说明和初步计算等，为第三阶段施工图设计提供比较详细的资料。

第二节　施工图的分类和编排顺序

一、施工图的分类

建筑工程施工图按照专业分工的不同，可分为建筑施工图、结构施工图和设备施工图。

（1）建筑施工图包括建筑总平面图、各层平面图、各个立面图、必要的剖面图和建筑施工详图及其说明书等。

（2）结构施工图包括基础平面图、基础详图、结构平面图、楼梯结构图和结构构件详图及其说明书等。

（3）设备施工图包括给水排水、采暖通风、电气照明等设备的平面布置图、系统图和施工详图及其说明书等。

由此可见，各工种的施工图一般又包括基本图和详图两部分。基本图表示全局性的内容；详图则表示某些构配件和局部节点构造等的详细情况。

二、施工图的编排顺序

一套简单的房屋施工图就有一二十张图纸，一套大型复杂建筑物的图纸有几十张、上百张甚至会有几百张之多。因此，为了便于看图，易于查找，就应把这些图纸按顺序编排。

建筑工程施工图一般的编排顺序是：首页图（包括图纸目录、施工总说明、汇总表等）、建筑施工图、结构施工图、给水排水施工图、采暖通风施工图、电气施工图等。如果是以某专业工种为主体的工程，则应该突出该专业的施工图而另外编排。

各专业的施工图，应按图纸内容的主次关系系统地排列。例如，基本图在前，详图在后；总体图在前，局部图在后；主要部分在前，次要部分在后；布置图在前，构件图在后；先施工的图在前，后施工的图在后等。

第三节　识图应注意的问题

识读施工图时，必须掌握正确的识读方法和步骤。

在识读整套图纸时，应按照"总体了解、顺序识读、前后对照、重点细读"的读图方法。

1. 总体了解

一般是先看目录、总平面图和施工总说明，以大致了解工程的概况，如工程设计单位、建设单位、新建房屋的位置、周围环境、施工技术要求等。对照目录检查图纸是否齐全，采用了哪些标准图并准备齐这些标准图。然后看建筑平、立、剖面图，大体上想象一下建筑物的立体形象及内部布置。

2. 顺序识读

在总体了解建筑物的情况以后，根据施工的先后顺序，从基础、墙体（或柱）、结构平面布置、建筑构造及装修的顺序，仔细阅读有关图纸。

3. 前后对照

读图时，要注意平面图、剖面图对照着读，建筑施工图和结构施工图对照着读，土建施工图与设备施工图对照着读，做到对整个工程施工情况及技术要求心中有数。

4. 重点细读

根据工种的不同，将有关专业施工图再有重点地仔细读一遍，并将遇到的问题记录下来，及时向设计部门反映。

识读一张图纸时，应按由外向里看、由大到小看、由粗至细看、图样与说明交替看、有关图纸对照看的方法，重点看轴线及各种尺寸关系。

要想熟练地识读施工图，除了要掌握投影原理，熟悉国家制图标准外，还必须掌握各专业施工图的用途、图示内容和表达方法。此外，还要经常深入到施工现场，对照图纸，观察实物，这也是提高识图能力的一个重要方法。

房屋建筑图的基本表示方法

房屋建筑图是表示一栋房屋的内部和外部形状的图纸，有平面图、立面图、剖面图等。这些图纸都是运用正投影原理绘制的。

第一节 房屋建筑的平面、立面、剖面图

一、平面图

房屋建筑的平面图就是一栋房屋的水平剖视图，即假想用一水平面把一栋房屋的窗台以上部分切掉，切面以下部分的水平投影图就叫做平面图。图3-1是一栋单层房屋的平面图。一栋多层的楼房若每层布置各不相同，则每层都应画平面图。如果其中有几个楼层的平面布置相同，可以只画一个标准层的平面图。

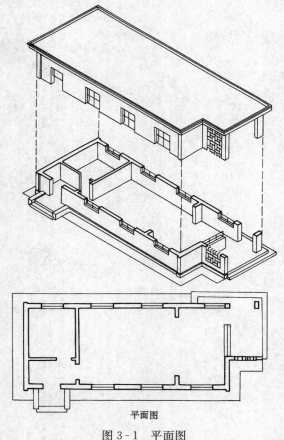

平面图

图3-1 平面图

平面图主要表示房屋占地的大小，内部的分隔，房间的大小，台阶、楼梯、门窗等局部的位置和大小，墙的厚度等。一般施工放线、砌墙、安装门窗等都要用到平面图。

平面图有许多种，如总平面图、基础平面图、楼板平面图、屋顶平面图、吊顶或顶棚仰视图等。

二、立面图

房屋建筑的立面图，就是一栋房子的正立投影图与侧投影图，通常按建筑各个立面的朝向，将几个投影图分别叫做东立面图、西立面图、南立面图、北立面图等。图3-2就是一栋建筑的两个立面图。

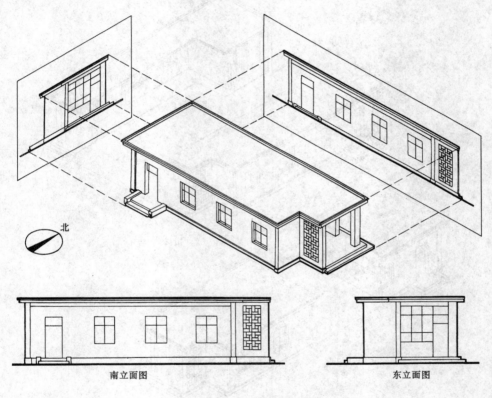

南立面图　　　　　　　　　　　　　　　东立面图

图3-2　立面图

立面图主要表明建筑物外部形状，房屋的长、宽、高尺寸，屋顶的形式，门窗洞口的位置，外墙饰面、材料及做法等。

三、剖面图

房屋建筑的剖面图系假想用一平面把建筑物沿垂直方向切开，切面后的部分的正立投影图就叫做剖面图。因剖切位置的不同，剖面图又分为横剖面图，见图3-3中1-1剖面图、纵剖面图，见图3-3中2-2剖面图。

剖面图主要表明建筑物内部在高度方面的情况，如屋顶的坡度、楼房的分层、房间和门窗各部分的高度、楼板的厚度等，同时也可以表示出建筑物所采用的结构形式。

剖面位置一般选择建筑内部做法有代表性和空间变化比较复杂的部位。例如，图3-3中的1-1剖面是选在房屋的第二开间窗户部位。多层建筑一般选在楼梯间。复杂的建筑物

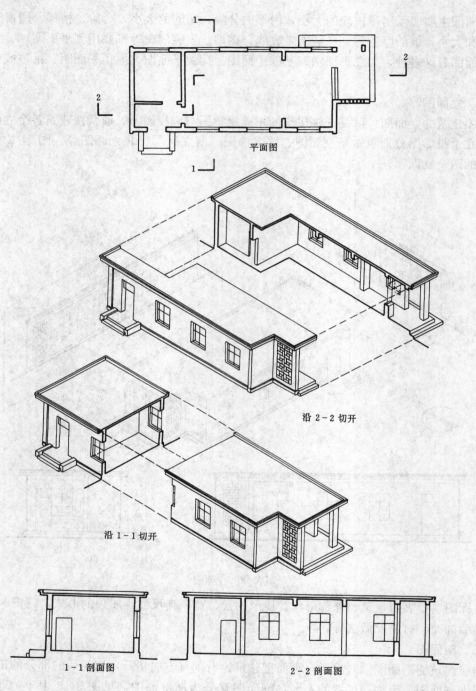

平面图

沿 2-2 切开

沿 1-1 切开

1-1 剖面图　　　　　　　2-2 剖面图

图 3-3　剖面图

需要画出几个不同位置的剖面图。剖面的位置应在平面图上用剖切线标出。剖切线的长线表示剖切的位置，短线表示剖视方向。图 3-3 平面图中，剖切线 1—1 表示横向剖切，从右向左看。在一个剖面图中想要表示出不同的剖切位置，剖切线可以转折，但只允许转折一次。图 3-3 中的 2-2 剖面图就是通过剖切线的转折，同时表示右侧入口处的台阶、大门、雨篷

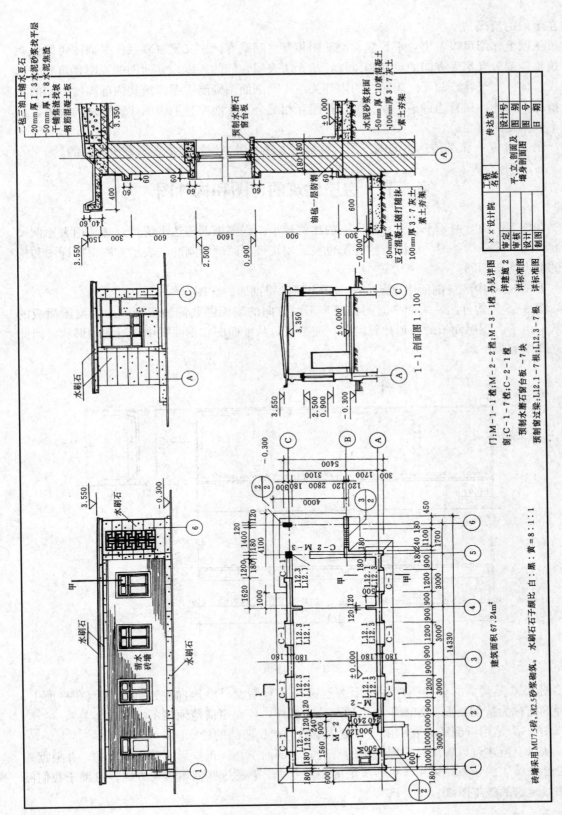

图 3-4 平、立、剖面图

和左侧门的情况。

从以上介绍可以看出，平、立、剖面图相互之间既有区别又紧密联系。平面图可以说明建筑物各部分在水平方向的尺寸和位置，却无法表明它们的高度；立面图能说明建筑物外形的长、宽、高尺寸，却无法表明它的内部关系，而剖面图则能说明建筑物内部高度方向的布置情况。因此，只有通过平、立、剖三种图互相配合，才能完整地说明建筑物从内到外、从水平到垂直的全貌。

图3-4是一张某传达室的施工图，就是用上述的房屋建筑基本表示方法绘制的。

第二节　房屋建筑的详图和构件图

在施工图中，由于平、立、剖面图的比例较小，许多细部表达不清楚，必须用大比例尺绘制局部详图或构件图。详图或构件图也是运用正投影原理绘制的，表示方法根据详图和构件的特点有所不同。

如图3-4中墙身剖面甲就是在平面图上所示甲剖面的详图。

图3-5是构件图，采用平面图和两个不同方向的剖面图共同表示预应力大型屋面板的形状。由于大型屋面板的外形比较简单，完全可以从平面图和剖面图中知道它的形状，因此将立面图省略不画。

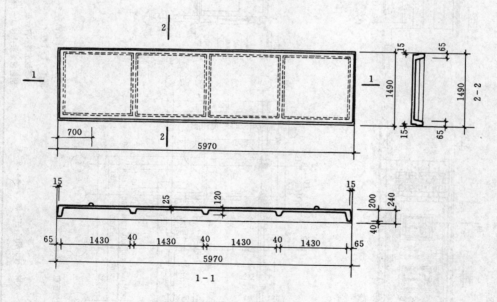

图3-5　构件图

图3-6是楼盖的布置图。在平面图上画一垂直剖面，就地向左或向上折倒在平面上，这种剖面称为折倒断面，如图中涂黑的部分。这样，可以更清楚地表示出其立体关系。

图3-7是用折倒断面表示出立面上线条的起伏、凹凸的轮廓。

从以上所述可以看出，房屋建筑的平、立、剖面图是以正投影原理为基础的，并根据建筑设计和施工的特点，采用了一些灵活的表现方法。熟悉这些基本表现方法，有助于我们阅读房屋建筑的施工图纸。

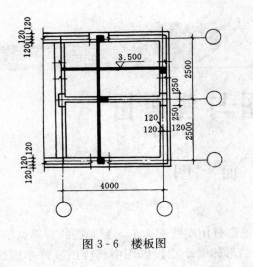

图 3-6 楼板图

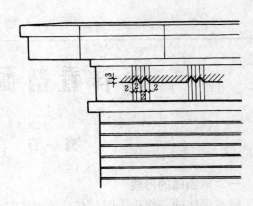

图 3-7 墙面图

第四章

怎样看剖面图与截面图

第一节 剖 面 图

一、剖面图的形成

建筑形体的三面投影图，在反映形体时，可见部分用实线来表示，被遮挡的看不见的部分用虚线来表示，但如果遇见内部结构比较复杂的形体时，则投影图中将会出现许多虚线，使图形中虚、实线交叉，就很难识读了。为了便于表达形体的内部结构形状，我们假想用一个剖切平面将形体剖开，移去剖切平面与观察者之间的那一部分，画出余下部分的投影图，此图称为剖面图。

如图 4-1 所示，图中 P 平面为剖切平面，应根据形体的形状来选定剖切位置，剖切平面一般平行于投影面。

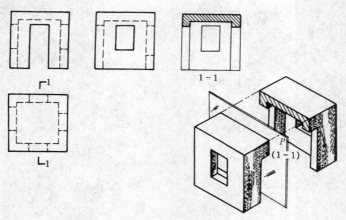

图 4-1 剖面图的形成

二、剖面图的种类

1. 按剖切位置分类

剖面图按剖切位置可分为水平剖面图和垂直剖面图。

（1）水平剖面图。剖切平面平行于 H 面，所得的剖面图称为水平剖面图，如图 4-2 所示，图中 2-2 剖面为水平剖面图。

（2）垂直剖面图。剖切平面平行于 V 面和 W 面，所得的剖面图称为垂直剖面图，图 4-2 中的 3-3 剖面为垂直剖面图。

2. 按剖切形式分类

剖面图按剖切形式可分为：全剖面图、半剖面图、局部剖面图、阶梯剖面图，分别介绍

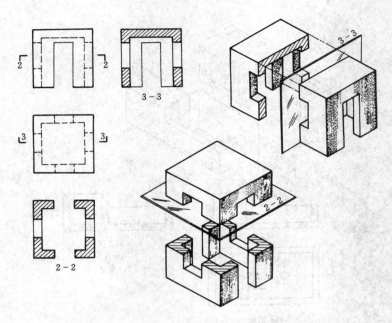

图 4-2 水平剖面图与垂直剖面图

如下：

（1）全剖面图。前面在介绍剖面图的形成中所举实例，均为全剖面图。即用一个剖切平面，将形体全部剖切开，所得到的剖面图称为全剖面图，主要用于表现形体的内部构造，一般与投影图配合使用，图 4-3（a）中的 1-1 剖面图为全剖面图，它与平面、正立面组合在一起，可解决该形体的内外部全部形状。

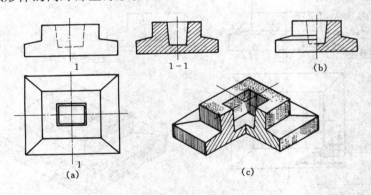

图 4-3 全剖面图与半剖面图

（2）半剖面图。当形体对称时，可以只剖一半，另一半画投影图，称为半剖面图。半剖面规定左边为投影图，右边为剖面图，中间用点画线分开，半剖面图可同时表示出形体的外形和内部构造，如图 4-3（b）所示，虚线可不画。

（3）阶梯剖面图。如图 4-4 所示，形体孔洞不在一个平面上，用全剖面无法真实的表达形体的实形，可采用剖切平面转折方法剖切形体，所得的剖面称为阶梯剖面图。阶梯剖面图的剖切平面应相互平行，转折处用短粗线表示。转折一般以一次为限，其转折后由于剖切所产生的轮廓线不应在剖面图中画出，图 4-4（c）的表示方法是错误的。

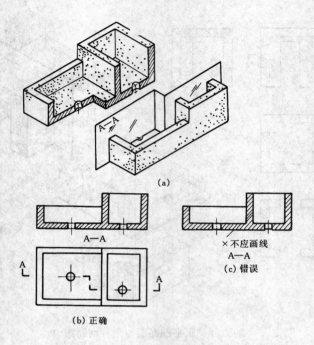

图 4 - 4　阶梯剖面图

（4）局部剖面图。当形体简单，内部构造没有变化时，只需剖开局部就能了解内部构造，同时可保留大部分的外部形状，此种剖面图称为局部剖面图，如图 4 - 5 所示。剖切部分的分界线用徒手画波浪线作为分界线。

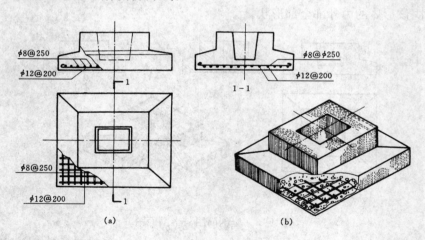

图 4 - 5　局部剖面图

三、剖面图的画法

1. 弄清形体的内部结构

在画剖面之前，先应弄清投影图的空间形状，特别是形体的内部构造，如图 4 - 6（a）所示，为形体的二面投影图，从投影图可以了解形体像一个水槽，槽中还有一个小槽，平行 V 面有四个肋。

2. 确定剖切平面的位置

弄清形体的内部结构后，紧接着应选择适当的剖切位置，使剖切后画出的剖面图能充分表达形体的真实形状。一般剖切平面选择在对称轴线上，或通过需剖切的孔洞的中心。剖切平面应平行于某一投影面，如图4-6（b）所示，剖切平面选择在平行长度方向的对称轴线上，并用短粗线画在剖切位置上，向何方投影，即在该方向画一垂直短粗线，并在图形外标上剖面编号1—1。

3. 画剖面图

根据剖切位置，移去形体的前半部分（或上半部分、左半部分），对留下部分进行投影，所画出的图形即为剖面图，如图4-6（b）中的1-1剖面。

形体被剖切的轮廓线用粗实线表示，其余未剖切部分的可见轮廓线，用细实线表示，剖面图中看不见的轮廓线（虚线）一般不画。特殊情况如画上虚线就容易使人理解形体时，可以画上。

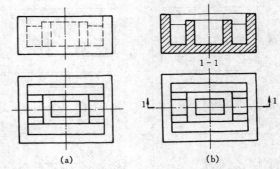

图4-6　剖面图的画法
（a）正投影图；（b）剖面图

4. 剖面符号

在剖面图中形体被剖切部分的断面，一般用45°细实线表示。在实际的工程图样中，形体是由不同的材料构成的，《建筑制图标准》规定了建筑材料图例，如表4-1所示。

剖面图中不同材料按图例选用。断面中在画建筑材料符号时，若面积过大，就可以不必画满，仅局部表示即可。

表4-1　　　　　　　　　　　　建筑材料图例

序号	名　　称	图　例	序号	名　　称	图　例
1	自然土壤		7	毛石	
2	素土夯实				
3	砂、灰土及粉刷材料		8	普通砖、硬质砖	
4	砂砾石及碎砖三合土		9	非承重墙的空心砖	
			10	瓷砖或类似材料	
5	石材		11	混凝土	
6	方整石，条石		12	钢筋混凝土	

序号	名　称	图　例	序号	名　称	图　例
13	加气混凝土		21	多孔材料及耐火砖	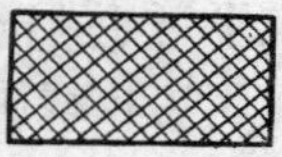
14	加气钢筋混凝土		22	菱苦土	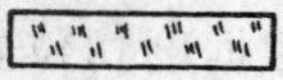
15	毛石混凝土		23	玻璃	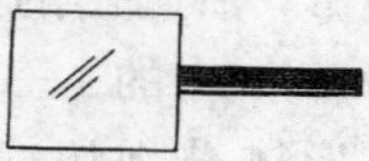
16	花纹钢板	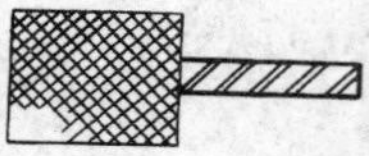	24	松散保温材料	
17	金属网	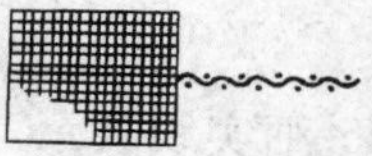	25	纤维材料及人造板	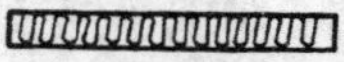
18	木材		26	防水材料或防潮层	
19	胶合板	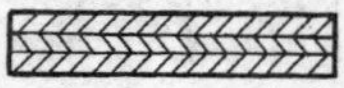	27	金属	
20	矿渣、炉渣及焦渣	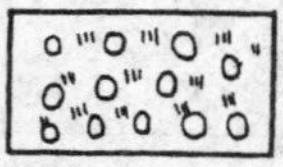	28	水	 ▽水平标高

四、剖面图的应用

剖面图在建筑工程施工图样中应用极为广泛，不论是房屋总体的平、立、剖面图，还是房屋构造细部的详图，均需要采用剖面形式来表达复杂的形体和内部构造。在一套施工图中，剖面图占整个图形数量的一半以上，因此掌握和应用剖面图是学习建筑识图的重要理论和基本方法。

图4-7所示的是一幢简单的平房住宅施工图，在表达整体建筑设计意图的图形中，有正立面图（①～④立面图）、侧立面图（Ⓓ～Ⓐ立面图）、I-I剖面图和平面图。四个图形中就有两个是用剖面方式来表达的，其中平面图是沿窗台上口用一水平剖切平面将房屋剖切开，移去屋盖上面部分，留下窗台及窗台以下部分进行投影所得的 H 面投影图，即称为平面图，如图4-8和图4-9所示。

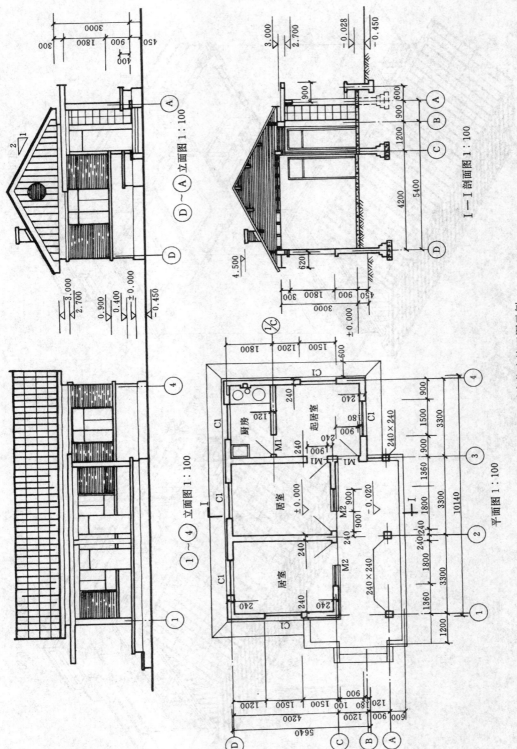

图 4 - 7 平房住宅施工图示例

D～A 立面图 1:100

I—I剖面图 1:100

1～4 立面图 1:100

平面图 1:100

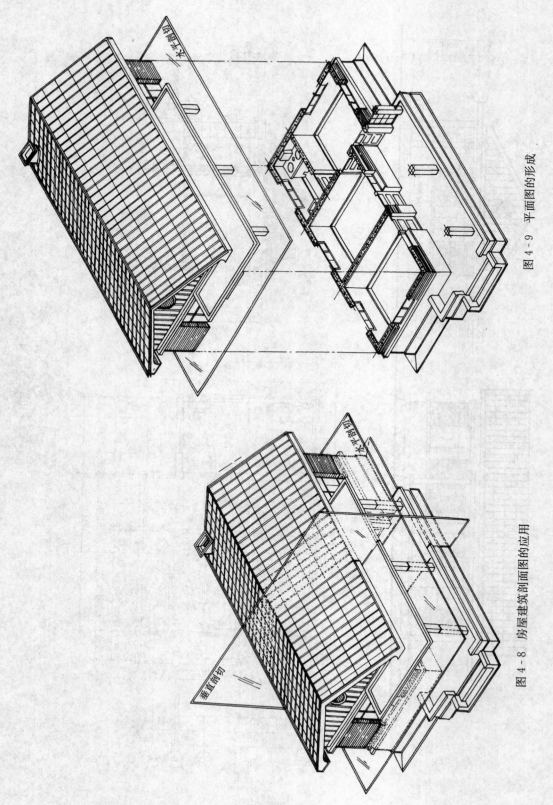

水平剖切

图 4 - 9 平面图的形成

水平剖切

垂直剖切

图 4 - 8 房屋建筑剖面图的应用

被剖切的墙体轮廓线画粗实线，墙体材料为普通砖墙，画45°细实线。由于比例小，在描图时可用涂红铅笔表示砖墙材料。门窗画上门窗代表符号，其余未剖部分均用细实线表示。此外，还有一些专业符号，如标高符号、轴线及轴线编号、厨房设备代号等，将在以后章节和有关专业教材中介绍。

Ⅰ-Ⅰ剖面图是根据平面图中Ⅰ-Ⅰ位置剖切，移去左半部分，留下右半部分向 V 面投影，所得图形为Ⅰ-Ⅰ剖面图，它表达了高度方向的内部构造，如图4-10所示。

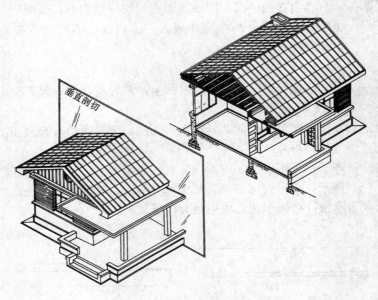

图4-10　Ⅰ-Ⅰ剖面图的形成

第二节　截　面　图

一、截面图的形成

对于某些等截面的构件或需要表示某一局部截面形状时，可以仅画截面图形，此图形称为截面图（又称断面图），如图4-11所示，为悬臂楼梯踏步板的截面图。

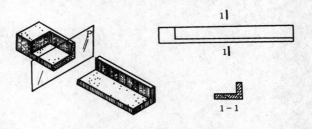

图4-11　截面图的形成

截面图的画法与剖面图的画法，区别在于截面图只需画出形体被剖切后的截面图形，而剖面图除画出截面图形外，还应画出其余部分的轮廓线。

在标注上，截面图只需画一横线，写上截面编号，编号所在横线的一侧，即为截面的投影方向。

二、截面图的种类

截面图的种类有下列两种：

1. 移出截面

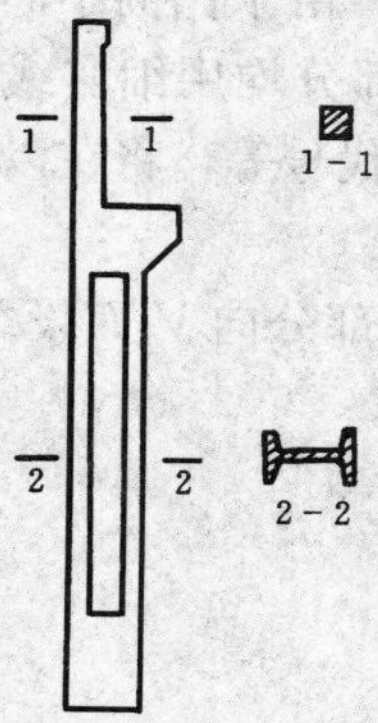

将形体的截面图形，画在一侧称为移出截面。如图 4-12 所示，为一工字形柱，它的上柱和下柱采用移出截面方式来表示截面形状。

移出截面的截面图一般画在剖切位置附近，以便于对照识读，比例也一致，但也可画在另外地方，比例也可不同（一般比例放大一些），以便详细地表达截面的形状。

2. 重合截面

图 4-12 移出截面　将截面图直接画在投影图上，两者重合在一起，称为重合截面，如图 4-13 所示。

重合截面由于画在投影图上，因此两者比例应相同，建筑图中重合截面图的轮廓线用粗实线表示，剖切面画上材料符号。

重合截面可直接画于投影图上，如图 4-13（a）所示，也可将构件断开，画在断开的中间，如图 4-13（b）所示。也可仅画局部，其余部分相同，如图 4-13（c）所示。建筑工程图样中，截面图在表示构件截面形状时应用极为广泛。

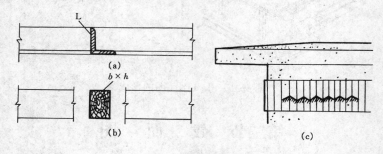

图 4-13 重合截面

第五章

怎样看基础图

在工程中,一般将房屋建筑埋在地面以下的部分称为基础,其作用是将建筑物全部荷载传递给下面的土层。位于基础下面,并承受建筑物全部荷重的土称为地基。基础是建筑物的重要组成部分,而地基虽然不属于建筑物,但它直接影响着整个建筑物的安危,有些建筑物在施工过程中或竣工后出现裂缝、倾斜、甚至倒坍,造成严重损失,不少就是因为地基较差,导致基础产生不均匀沉降的结果,因此,应对地基引起足够的重视。

第一节 地 基

一、地基土的分类

作为建筑物基础的土,可分为五大类。

(1)岩石类:花岗岩(硬)、石灰岩、砂岩等。

(2)碎石类:块石、卵石、碎石、圆砾、角砾等。

(3)砂土类:砾砂、粗砂、中砂、细砂、粉砂等。

(4)黏性土类:黏性土、粉质黏土、淤泥质土等。

(5)人工填土类:素填土、杂填土、冲填土等。

二、地基的分类

(1)天然地基。凡位于建筑物下面的土,不经过任何人工处理,而能承受建筑物全部荷载,称为天然地基。

(2)人工地基。当地层的土软弱或因荷重较大时,经计算不能承受上部建筑物全部荷重时,则必须采用人工加固,称为人工地基。

三、人工地基

采用人工加固地基的方法,有下列几种:

(1)表面压实:基槽挖开后,打夯 3～5 遍,必要时在上面铺 200～300mm 厚的灰土或 50～100mm 厚的碎石或砾石进行夯打,将表面浮土挤压实,可防止一定的沉降,但不能提高承载能力。

(2)重锤夯实。重锤一夯压一夯,有效加固深度 1.2m 左右,承载力可达 12t/m² 左右,一般为黏性土、砂类土采用此法。

(3)辗压法。采用碾压机械,碾压 4～5 遍,碾压过程可分层掺入碎石或碎砖等骨料,适用于大面积填土(或换土分层碾压)。

(4)换土法。用砂土、卵石、砂夹卵石作垫层,提高承载力达 20t/m² 左右。

(5)桩基。用打桩方式加固土壤,桩基有爆扩桩、灌注桩、预制桩。

第二节 基础的类型与构造

民用建筑的基础，按构造分可分为条形基础、独立柱基础、板式基础、薄壳基础等。按材料分，可分为砖基础、条石基础、毛石基础、混凝土基础、钢筋混凝土基础等。

一、条形基础

混合结构的房屋，承重墙下面的基础常常采用连续的长条形基础，称为条形基础，如图 5-1 所示。条形基础由垫层、大放脚、基础墙三部分组成。下面介绍各种材料制成的条形基础。

1. 砖基础

砖砌条形基础由垫层、砖砌大放脚、基础墙三部分组成。

（1）垫层。一般为 C10 级混凝土，高 100～300mm，挑出 100mm。除用混凝土垫层外，其他有三七灰土、碎砖三合土、砂垫层等。

（2）大放脚。大放脚可分为：① 等高式。每两匹砖放出 1/4 砖，即高 120mm、宽 60mm；② 间隔式。每两匹砖放出 1/4 砖，与每匹砖放出 1/4 砖相间隔，即高 120mm、宽 60mm，又高 60mm、宽 60mm 相间隔。

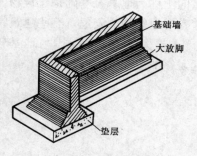

图 5-1 条形基础

（3）基础墙。一般同上部墙厚，或大于上部墙厚。

基础埋于地下，经常受潮，而砖的抗冻性差，因此，砌筑基础的材料要求有：砖不宜低于 MU7.5 级，砂浆不低于 M2.5 级，一般采用 MU10 级砖、M5 级水泥砂浆砌筑。砖基础的各部构造如图 5-2 所示。

基础大放脚及垫层的受力如同倒置的悬臂梁，在地基反力作用下，产生很大的拉应力，当所受拉应力超过基础材料的容许拉应力时，则大放脚及垫层会因开裂而破坏。实践证明，大放脚和垫层控制在某一角度内，则不会被拉裂，该角称为刚性角，用 α 表示，如图 5-3 所示。

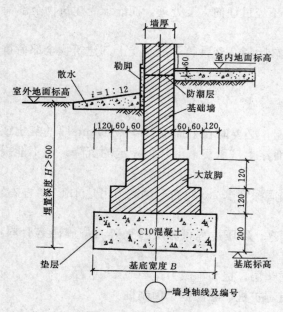

图 5-2 砖基础构造

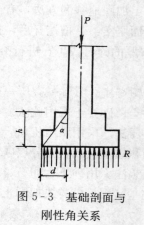

图 5-3 基础剖面与刚性角关系

$$\cot\alpha = \frac{h}{d}$$

各种材料的刚性角不同,砖为 1.5~2,毛石 1.25~1.75,混凝土为 1,灰土 1.25~1.5。

2. 毛石基础

这种基础用不规则的毛石砌成,由于毛石尺寸差别较大,为了便于砌筑和保证质量,毛石基础台阶高度和基础墙厚不宜小于 400mm。毛石强度等级不低于 MU20 级,水泥砂浆不低于 M5 级,如图 5-4 所示。

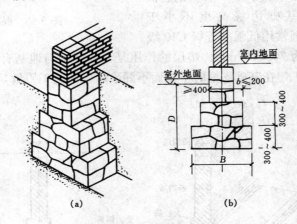

图 5-4　毛石基础

3. 条石基础

条石基础是用人工加工的条形石块砌筑而成的,剖面形式有矩形、阶梯形和梯形等多种形式,多用于产石地区,如图 5-5 所示。

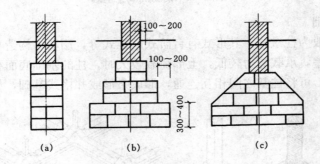

图 5-5　条石基础
(a) 矩形;(b) 阶梯形;(c) 梯形

条石规格(单位为 mm):300×300×1000,丁头石 300×300×600;
　　　　　　　　　　　250×250×1000,丁头石 250×250×500。

条石基础在砌筑时与砖一样,应上下平整,错缝搭接,灰缝饱满。

4. 混凝土基础

混凝土基础是用不低于 C10 级混凝土浇捣而成的。基础较小时,多用矩形或台阶形截面;基础较宽时,多采用台阶形或梯形。有时为了节约水泥,可在混凝土中投入 30% 以下的毛石,这种基础叫毛石混凝土基础。混凝土基础如图 5-6 所示。

5. 钢筋混凝土基础

钢筋混凝土因其中受力钢筋受拉能力很强，基础承受弯曲的能力较大，因此，基础底面宽度不受高度比的限制。一般混合结构房屋较少采用此种基础，只有在上部荷载较大，地基承载能力较弱时才采用。

混凝土的强度等级不低于 C15 级，钢筋根据结构计算配置。基础边缘高度不小于 150mm，基础底部下面常用低强度等级 C10 级

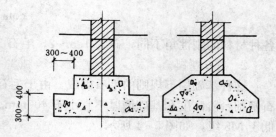

图 5-6　混凝土基础

混凝土做垫层，厚度为 70~100mm。垫层的作用是，使基础与地基有良好的接触，以便均匀传力，同时便于施工，在基础支模时平整而不漏浆，保证施工质量，如图 5-7 所示。

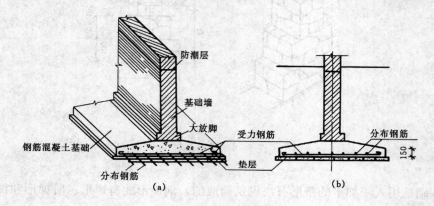

图 5-7　钢筋混凝土基础

二、独立柱基础

独立柱基础一般为柱礅式，其形式有台阶式、锥式等，用料、构造与条形基础相同。

当地基土质较差，承载能力较低，上部荷载较大时，柱的基础底面积增大，则相邻柱基很近。为便于施工，可将柱基之间相互连通，形成条形或井格式基础，如图 5-8 所示。

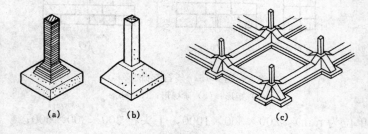

图 5-8　独立柱基础
(a) 台阶式；(b) 锥式；(c) 井格式

三、筏形基础

筏形基础又叫板式基础，由于布满整个建筑底部，所以又称为满堂基础。有地下室时，可做成箱形基础，如图 5-9 所示。

筏形基础适用于上部荷载较大，地质较差，采用其他形式基础不够经济时。筏形基础一般为钢筋混凝土基础，只有这样才能连接成整体。

钢筋混凝土筏形基础分为有梁式和无梁式。

筏形基础受力状态如倒置的楼板，相当于梁式楼板或无梁式楼板。

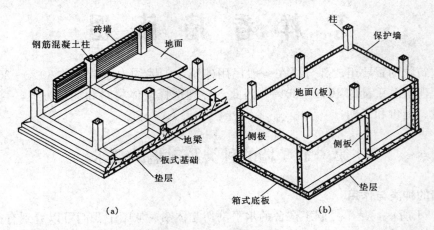

图 5-9　筏形基础
(a) 筏形基础；(b) 箱形基础

第六章

怎样看墙体图

墙是建筑物的重要组成部分。在一般民用建筑中，墙约占总造价的 30%～35%，墙的重量占整个建筑总重量的 40%～60%。因此，合理选择墙体材料和构造方案，直接影响建筑物的质量、造价和工期。

第一节 墙的种类及对墙的要求

一、墙的种类与作用

如图 6-1 所示，是单身职工宿舍的水平剖切立体图。从图中我们可以看到有很多片墙，这些墙由于他们所处的位置不同，以及建筑结构布置方案的关系，它们在建筑中所起的作用也不相同。

1. 墙的种类

（1）按受力分，可分为承重墙、非承重墙。

（2）按位置分，可分为外墙（围护墙）、内墙（分隔墙）。

（3）按方向分，可分为纵墙、横墙（两端称为山墙）。

（4）按材料和构造方法分，可分为实砌砖墙、空斗砖墙、空心砖墙、石墙、土墙、中小

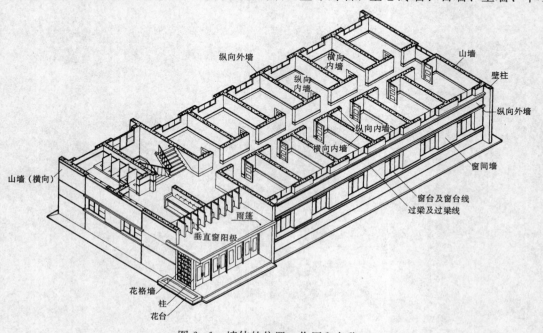

图 6-1 墙体的位置、作用和名称

型砌块、大型墙板、框架轻板等。

2. 墙的作用

（1）承重作用。承受屋顶、楼板等构件传下来的荷载，同时还承受风荷载、地震作用、自重等荷载。

（2）围护作用。抗御风、雨、雪、太阳辐射、噪声等自然的侵袭，保证建筑物内具有良好的生活环境和工作条件。

（3）分隔作用。建筑物内的纵横墙和隔墙将建筑物分隔成不同大小的房间，以满足不同的使用要求。

二、对墙的要求

不同性质和作用的墙体，主要应考虑下列要求：

（1）一切墙体都应具有足够的强度和稳定性，以满足建筑物坚固和耐久的要求。

（2）建筑物的外墙必须满足热工方面的要求，要进行保温、隔热等方面的热工计算，使房间内具有正常工作、生活的温度，满足使用上的要求。

（3）满足隔声的要求，避免室内、室外和相邻房间的噪声干扰，使室内具有宁静的环境。

（4）满足防火的要求，根据防火规范和建筑物耐火等级，对各类墙体都有具体的要求，以保证正常使用。

除此之外，不同的房间还有不同的要求，如厨房、厕所、盥洗间的防火要求，仓库、贮藏室的防潮要求，X光室的防射线要求等。设计时，应根据不同的房间进行全面考虑，妥善解决。

选择墙体材料，应尽量选用自重轻、造价低的地方材料和采用先进的构造方法。墙体材料应考虑适应建筑工业化的要求，尽可能采用预制装配构件和机械化施工。

三、墙体结构的布置方案

一般民用建筑有两种承重方式，一种是框架承重，另一种是墙体承重。墙体承重又可分为横墙承重、纵墙承重、纵横墙混合承重、墙与内柱混合承重等结构布置方案，如图 6-2 所示。下面分别进行介绍。

1. 横墙承重

楼板、屋面板两端搁置在横墙上。这种结构布置方案的优点是楼板跨度小、弯矩小，建筑刚性好；缺点是开间尺寸不够灵活，房间不易过大，材料消耗多，因此适用于单身宿舍、住宅、旅馆等小开间房屋。

2. 纵墙承重

楼板、屋面板两端搁置在纵墙上。这种结构布置方案的优点是房间划分灵活，构件规格少；缺点是房间进深浅一些，门窗洞受限制，刚度较差，适用于教学楼、办公楼、住宅等，不宜用于地震区。

3. 纵横墙混合承重

楼板、屋面板根据设计需要进行布置在纵横墙上，因此纵横墙均为承重墙。这种结构布置方案的优点是平面布置灵活；缺点是楼板、屋面板类型偏多，施工较麻烦，适用于进深较大、变化较多的房屋，如教学楼、医院等建筑。

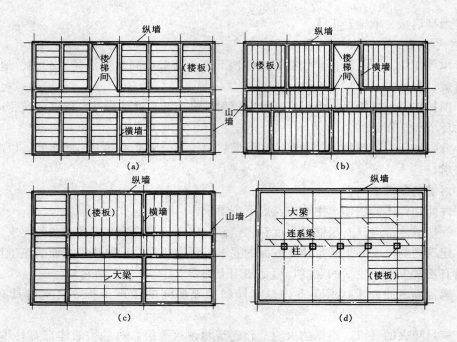

图 6-2　墙体结构的布置

(a) 横墙承重；(b) 纵墙承重；(c) 纵横墙混合承重；(d) 墙与内柱混合承重

4. 墙与内柱混合承重

当建筑物内需要设置较大房间时（如多层住宅底层商店、餐厅等），可采用墙与内柱混合承重的方案。构造方式为室内设钢筋混凝土柱，柱上搁置大梁和连系梁，梁上搁置楼板和二层以上的墙体。

第二节　砖墙的构造

一、砖墙的材料

1. 砖

砖的品种较多，有烧结普通砖、粉煤灰砖、灰砂砖、耐火砖等。烧结普通砖又分为青砖、红砖、空心砖等。标准砖的尺寸为 240mm×115mm×53mm。空心砖的尺寸随各地形式的不同而不同，例如四川地区的空心砖中，三孔砖为 240mm×115mm×115mm（相当于 2 块标准砖），七孔砖为 240mm×180mm×115mm（相当于 3 块标准砖），如图 6-3 所示。

砖尺寸的模数：

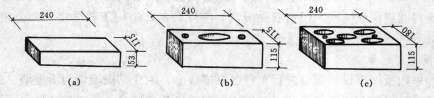

图 6-3　砖的尺寸

(a) 标准砖；(b) 三孔砖；(c) 七孔砖

1m＝长4块（缝10mm）

即 4×（240＋10）＝1000＝宽8块（缝10mm），8×（115＋10）＝1000＝高16块（缝9.5mm），16×（53＋9.5）＝1000。

砖的理论体积：1m³＝4×8×16＝512块（包括砂浆），砖的重量为 1600～1800kg/m³。砖的强度等级为 200、150、100、75、50 级五种。

2. 砂浆

砌浆用的砂浆有水泥砂浆（水泥、砂）、混合砂浆（水泥、石灰、砂）、石灰砂浆（石灰、砂）。砂浆强度等级有 100、75、50、25、10、4、0 级七种砂浆。

二、砖墙的砌法

1. 墙厚

半砖墙（称12墙）实际厚为 115，3/4 砖墙（称18墙）实际厚为 178（180），一砖墙（称24墙）实际厚为 240，一砖半墙（称37墙）实际厚为 365（370），二砖墙（称49墙）实际厚为 490。

2. 砌法

砌法有全顺法（120墙）、一顺一顶法（240以及240以上墙）、三顺一顶法（240以及240以上墙）、空斗墙（240墙）、两平一侧法（180墙砌法）、梅花墙砌法（一顺一顶相间）。

其余材料砖墙，基本相同。砖墙砌法如图 6-4 所示。

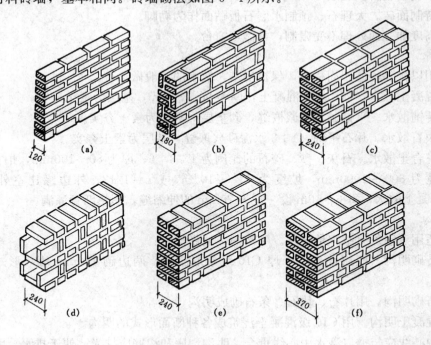

图 6-4 砖墙的砌法

（a）120墙；（b）180墙；（c）240墙（一顺一顶）；（d）空心墙；（e）梅花砌法240墙；（f）370墙

三、墙身节点构造

1. 勒脚

外墙身下部靠近室外地面的部位叫勒脚。勒脚经常受地面水、屋檐滴下的雨水的侵蚀，并容易因受到碰撞而损坏。因此，勒脚的作用是保护墙面，防止受潮，如图6-5所示。

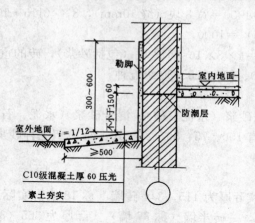

图6-5 勒脚、散水构造

勒脚的一般做法有：

（1）水泥砂浆勒脚。用M5级水泥砂浆抹面，厚为20mm，高出地面300~600mm，常用450mm（当室内外高差为300mm时，高于室内地面150mm）。

（2）水刷石勒脚。底层1:3水泥砂浆，厚为10mm；面层水刷石，厚为10mm。

（3）特制面砖。大理石、预制水磨石板贴面作为勒脚。

勒脚高度如立面处理不受限制，常做至窗台。

2.散水

散水用以排除房屋四周积水，保护房基，散水的一般做法有：

（1）混凝土散水。C10级素混凝土，厚为60~80mm，基层为素土夯实。

（2）砖铺散水。平铺砖，砂浆嵌缝，砂垫层，基层为素土夯实。

（3）块石散水。片石平铺，1:3水泥砂浆嵌缝，基层为素土夯实。

（4）三合土散水。石灰、砂、碎石的比例为1:3:6，厚为80~100mm，拍打压光。

散水宽为600~1000mm，坡度为5%~10%，或$i=1/12$。外边缘比室外地面高出20mm，混凝土散水，每6~10m设一宽为20mm的伸缩缝，用热沥青灌满。

3.明沟

明沟适用于室外有组织地排水。明沟的一般做法有：

（1）砖砌明沟。底层铺60mm厚C10级素混凝土，两边砌120mm墙，形式沟槽，高为200mm。

（2）石砌明沟。用片石、块石、条石砌成明沟。

（3）混凝土明沟。用C10级混凝土浇筑成各种断面形式的明沟。

明沟中心线应与檐口滴水中心线重合，明沟沟底和沟壁应抹光，便于排水，明沟的宽度和深度不小于200mm，纵坡为0.3%~0.5%。

明沟应与室外排水系统连接，因地制宜，不宜过长；否则，断面很深，造成不必要的浪费，明沟构造如图6-6所示。

4.窗台

窗洞下部称为窗台，窗外称为外窗台，窗内称为内窗台。设外窗台的目的是为了排除雨

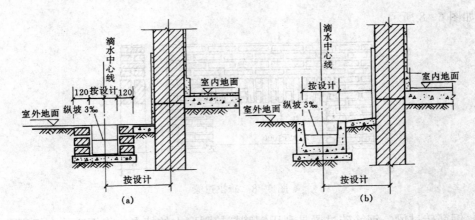

图 6-6 明沟构造

(a) 砖砌明沟；(b) 混凝土明沟

水，保护墙面。设内窗台的目的是便于放置物品和观赏性的盆花之类，同时也为了防止该处墙角被破坏和便于清洗。

外窗台的一般做法为：

（1）砖砌窗台。砖平砌或立砌（又称虎头砖），挑出 60mm，抹 1∶2～1∶3 水泥砂浆，为防止水污染窗台下的墙面，窗台下部应做滴水漕。

（2）混凝土或钢筋混凝土预制窗台。尺寸按设计要求，突出墙面 60mm，每端长度比窗洞宽多 120mm。

内窗台的一般做法为：

内窗台可以用 1∶2∶5 水泥砂浆抹面。做木内窗台板时，板厚为 30mm，表面油漆，挑出墙面 40～60mm。也可以用预制水磨石窗台板做内窗台。还可用其他的材料，如大理石板、花岗石板、金属板等做成窗台板，窗台构造如图 6-7 所示。

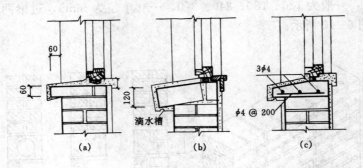

图 6-7 窗台构造

(a) 平砌砖窗台；(b) 立砌砖窗台；(c) 预制混凝土窗台

5. 过梁

为了支承门窗洞口上面墙体的重量，并将它传给两旁的墙体，就需要在门窗洞口顶上放一根横梁，这根横梁就叫过梁。在一般民用建筑中，常见的过梁有下列三种：

（1）砖拱过梁。砖拱是我国的一种传统作法，形式有平拱和弧拱等，砖砌平拱是将砖立砌成楔形，两端伸入墙约 20mm，平拱一般用于门窗洞宽度不大于 1000mm、无集中荷载的情况，如图 6-8 所示。

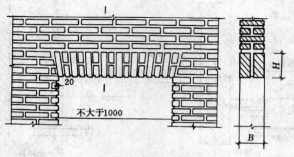

图 6-8　砖拱过梁

（2）钢筋砖过梁。钢筋砖过梁是利用钢筋抗拉强度大的特点，将钢筋放在门窗洞口顶上的灰缝中，以承受洞顶上部的荷载。钢筋砖过梁适用于跨度不大于 2m、无集中荷载的情况，如图 6-9 所示。

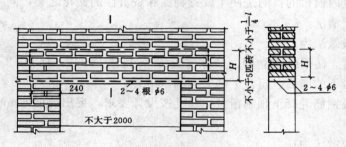

图 6-9　钢筋砖过梁

（3）钢筋混凝土过梁。钢筋混凝土过梁一般采用预制安装，适用于各种墙体和洞口宽度。断面形式有矩形、L 形等，断面尺寸：高度有 60、120、180、240、…（单位为 mm），宽度与墙宽一致，一般为 120、180、240、370、…（单位为 mm），过梁两端伸入墙内不小于 240mm，如图 6-10 所示。

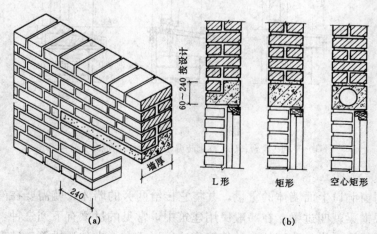

图 6-10　钢筋混凝土过梁
（a）预制钢筋混凝土过梁示意；（b）断面形式

6. 圈梁

设置圈梁的主要目的是增加房屋整体的刚度和墙体的稳定性，增强对横向荷载、地基不均匀沉降以及地震作用的抵抗能力。圈梁一般用 C15 级以上钢筋混凝土制成，分预制和现浇两种，预制圈梁可分段预制，接头浇灌连接。圈梁应贯通房屋纵横墙，四周圈通，形成"腰箍"。圈梁一般设置在檐口下、各层楼板下口或门窗洞上口（代替过梁）。若设在基础上部，则称为地圈梁，圈梁构造如图 6-11 所示。

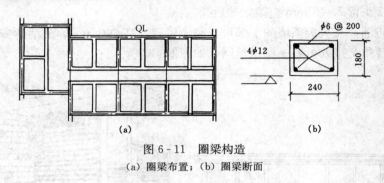

图 6-11　圈梁构造

(a) 圈梁布置；(b) 圈梁断面

第三节　隔墙与隔断的构造

隔墙、隔断都是用以分隔建筑物内部空间的非承重墙。隔墙、隔断的区别是隔墙到顶，而隔断不到顶，上部漏空。

一、隔墙

民用建筑中，隔墙的类型很多，有灰板条隔墙、砖隔墙、加气混凝土条板隔墙、碳化石灰板隔墙、胶合板、木丝板、纤维板等材料隔墙。安装方式有固定和可活动等形式，下面介绍几种有代表性的隔墙。

1. 砖隔墙

砖隔墙采用烧结普通砖、空心砖、灰砂砖等均可，墙厚为 120mm（半砖）、60mm（1/4砖），可用 M2.5 级、M5 级砂浆砌筑，砖隔墙不宜过长或过高，应进行墙身稳定验算，如图 6-12 所示。

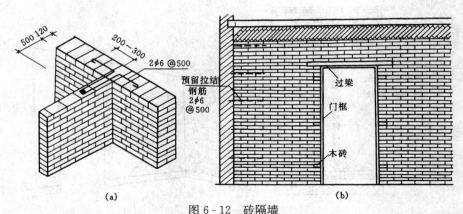

图 6-12　砖隔墙

(a) 隔墙拉结钢筋；(b) 隔墙示意

为了增强隔墙的稳定性，两端应设置 2φ4@500 拉结钢筋，半砖隔墙高度若大于 4m 时，则每隔 1.2～1.5m，应设一道 20mm 厚高强度等级水泥砂浆层，内设 2φ6 通长钢筋，并与承重墙拉结。

2. 灰板条隔墙

灰板条隔墙由上槛、下槛、主筋、斜撑组成骨架，骨架断面均由 50mm×70mm 木枋组成。主筋间距 400～600mm，斜撑间距不大于 1200mm。骨架上面钉灰板条，灰板条规格 1200mm×30mm×（6～8）mm，板条之间留 8～10mm 缝隙，板条接头每隔 500mm 错开，钉在骨架上，接头留 5～10mm 空隙，然后抹灰。

为了防水防潮，在灰板条墙的下部可先砌 3 层砖（高 200mm），然后再安下槛。为防止墙面开裂，在转角交接处可钉一层钢丝网，如图 6-13 所示。

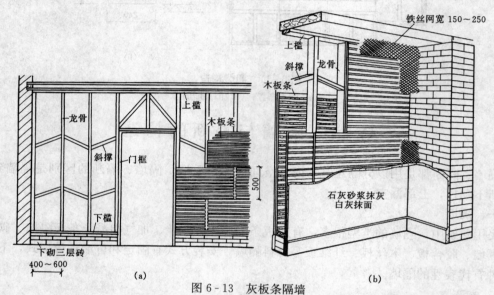

图 6-13 灰板条隔墙

(a) 灰板条隔墙构造；(b) 板条隔断与墙交接处理

3. 板材隔墙

板材隔墙是由各种板材直接安装而成的，如图 6-14 所示。

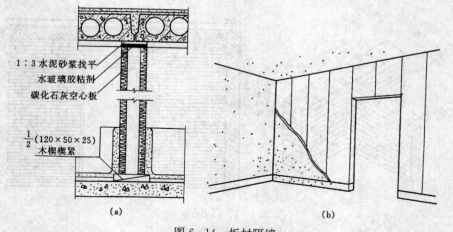

图 6-14 板材隔墙

板材有碳化石灰空心板、石膏空心板、加气混凝土板、蜂窝纸板等。安装方法有胶粘剂、上下木楔、专用紧固件等。

二、隔断

隔断主要作为空间分隔用，如餐厅分隔，划分不同的饮食区域，又可互相通行，必要时还可拆除。

隔断有玻璃隔断、木隔断、砖隔断、家具隔断等，如图6-15所示。

图6-15　玻璃隔断

第四节　墙面的装修

墙面装修的作用，主要是保护墙面，提高墙面抵抗自然侵蚀的能力，同时能使内外墙面平整光滑、清洁美观。对于一些有特殊要求的房间，还能改善它的热工、声学、光学的性能。

一、抹灰

墙面抹灰一般分三层：底层为5~10mm厚，与墙面粘结牢固；中层为5~10mm厚，起找平作用；面层使墙面平整、光滑、美观。

墙面抹灰可分为外墙抹灰和内墙抹灰两大类，常用的外抹灰有水泥砂浆、混合砂浆、搓砂、木刷石、斩假石、干粘石、拉毛、清水砖墙勾缝等。内抹灰有纸筋石灰、水泥砂浆、混合砂浆等。下面介绍几种常用的墙面抹灰。

1. 水泥砂浆

（1）外抹灰。底：1:3水泥砂浆，厚7mm；中：1:3水泥砂浆，厚5mm；面：1:3水泥砂浆，厚6mm。

（2）内抹灰。底：1:3水泥砂浆，厚7mm；中：1:3水泥砂浆，厚6mm；面：1:2.5水泥砂浆，厚5mm。

2. 混合砂浆

（1）外抹灰。底：1:1:4水泥石灰砂浆，厚10mm；面：1:1:4水泥石灰砂浆，厚5mm。

（2）内抹灰。底：1:1:4水泥石灰砂浆，厚10mm；面：1:0.3:3水沙石灰砂浆，厚5mm。

3. 搓砂

外抹灰，底：1:3水泥砂浆，厚7mm；中：1:3水泥砂浆，厚5mm；面：1:2.5水泥石灰砂浆，厚6mm，加粒径为15～25mm的石英砂30%。

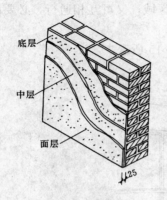

图6-16 墙面抹灰的组成

4. 水刷石

外抹灰，底：1:3水泥砂浆，厚7mm；中：1:3水泥砂浆，厚5mm；面：刷水泥浆一道，1:1.5水泥白石子，厚10mm，或各种彩色石子，用刷子洒水洗刷表面，使石子外露。

5. 干粘石

外抹灰，底：1:3水泥砂浆，厚10mm；中：1:1:1.5水泥石灰砂浆，按设计要求，做分格凹缝；面：刮水泥浆，干粘石洒上压平拍实，石子粒径为3～5mm，如图6-16所示。

6. 弹涂

在水泥砂浆底层上，将色浆用人工或弹涂机具弹至墙面，形成有特殊装饰效果的墙面，由于色泽鲜艳，造价低，所以应用较普遍。

7. 清水砖墙勾缝

分为原浆勾缝和加浆勾缝，勾缝形式有平缝、斜缝、凹缝、半圆缝等。

二、贴面

用大理石板、花岗石板、预制水磨石板、釉面瓷砖、陶瓷马赛克（锦砖）、玻璃马赛克等各种饰面材料贴外墙面和部分内墙面，这类贴面材料造价较高，主要用于重要建筑、城市临街建筑的墙面，门厅或其他要求较高和卫生要求较高的房间，如卫生间、盥洗间、餐厅等。

贴面材料墙面是在抹灰墙面的基层上，用白水泥浆（或水泥浆）直接粘贴，大型的装饰石板要钻孔，用铜丝等挂钩材料，如图6-17所示。

三、喷刷

采用喷刷方法装饰墙面施工简单，造价较低，有较好的装饰效果和保护墙面的能力，但耐久性较差，现介绍几种常用的装饰墙面。

（1）彩色水泥色浆。用彩色水泥调制成色浆进行喷刷，可用于混凝土、水泥砂浆等基层，一般喷刷2～3遍。

（2）墙面涂料。墙面涂料分外墙涂料和内墙涂料，一般刷2～3遍，尤其是内墙涂料（简称106涂料），目前应用极为广泛，是一种经济、

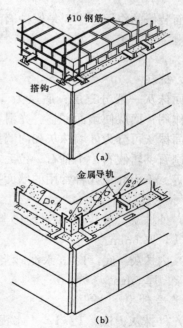

图6-17 大理石贴面的构造
(a) 砖墙面贴大理石；
(b) 钢筋混凝土墙面贴大理石

美观的装饰材料。

（3）普通刷浆。可用石灰浆、大白浆等喷刷 2～3 遍。

（4）装饰刷浆。底层刷大白浆，面层刷可赛银粉，墙粉可配制成各种颜色。

（5）油漆墙面。油漆墙面的底层为水泥砂浆或混合砂浆基层，填补裂缝后满刮腻子，再用砂纸磨光，刷调和漆两遍或喷漆两遍，油漆墙面清洁、美观，适用于装饰要求、卫生要求较高的房间，但造价稍高、耐久性较差。

四、裱糊

近年来，国内不少重要建筑的房间采用各种壁纸和壁布。国内裱糊材料有塑料壁纸，即在纸上压一层塑料薄膜（有花纹），塑料壁纸成本较低，应用较广。另一类是玻璃纤维壁布，成本略比壁纸高一些，但抗撕裂性能好，耐久性强。壁纸和壁布色泽丰富，可压印成各种图案，具有良好的装饰效果，耐水、耐磨、不易污染，更新撤换也较方便。

粘贴壁纸和壁布要求墙面平整、干燥。若局部有缺陷，就要用腻子补平，墙面含水率不宜大于 5%，粘贴用的胶粘剂可采用如下配方：108 胶：水：纤维素水溶液（浓度 1%）＝1：（0.5～1）：（0.2～0.3）。

第五节 防 潮 层

在墙身底部，基础墙的顶部（－0.060m 处）须设置防潮层。设置防潮层的目的是防止土中的潮气和水分因毛细管沿墙面上升，提高墙身的坚固性和耐久性，并保证室内干燥卫生，防止物品霉烂。

防潮层与室外墙基勒脚、散水、明沟组成一道防线，保护墙体不受室外雨水和地下潮气影响。

防潮层的做法有以下几种：

（1）抹一层 20mm 厚的防水砂浆，或用 1：2 水泥砂浆加 5%防水粉，防潮层位置一般设置在－0.060m 处。

（2）用防水砂浆砌筑三层砖，高 180mm。

（3）先抹一层 20mm 厚 1：3 水泥砂浆，再干铺一层油毡或做一毡二油，油毡比墙宽 20mm。

油毡防潮效果最好，但由于它使墙身与基础完全脱开成两个部分，降低了房屋的抗震能力，不宜用于有强烈振动的建筑和地震区。

（4）在土质较差或地震区时，可浇 60～120mm 厚的细石混凝土防潮带，内设 3 根直径为 8mm 的钢筋，分布钢筋 $\phi6$，间距为 250mm。

防潮层做法如图 6 - 18 所示。

当基础顶面设置钢筋混凝土地圈梁时，由于他本身具有足够的防潮能力，可不另做防潮层。

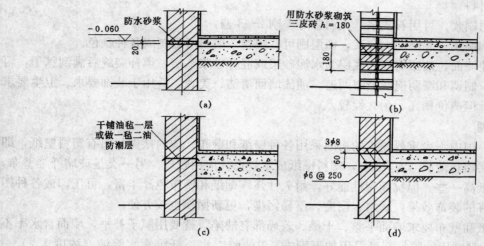

图 6-18　基础防潮

防水砂浆

-0.060

20

(a)

用防水砂浆砌筑
三皮砖 $h = 180$

180

(b)

干铺油毡一层
或做一毡二油
防潮层

(c)

$3\phi8$

60

$\phi6$@250

(d)

第七章

怎 样 看 楼 梯 图

第一节 楼梯的类型和组成

楼梯是建筑物内垂直交通设施的主要工具之一。一般设置在建筑物的主要出入口附近，在一些大型的多层民用建筑中，除设置楼梯外，还设置电梯、坡道等垂直交通工具。

一、楼梯的类型

楼梯按材料分可分为木楼梯、钢筋混凝土楼梯、钢及其他金属楼梯。

按平面形式分可分为单跑楼梯、双跑楼梯、三跑楼梯、双分式楼梯、双合式楼梯等多种形式，如图7-1所示。

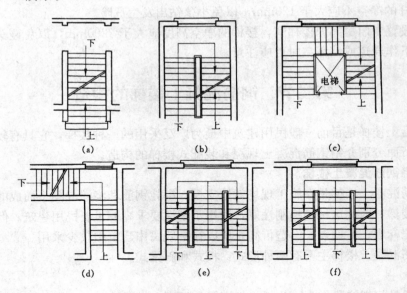

图7-1 楼梯的平面形式

(a) 单跑楼梯；(b) 双跑楼梯；(c) 三跑楼梯；
(d) 直角式楼梯；(e) 双分式楼梯；(f) 双合式楼梯

按施工方式分，可分为预制钢筋混凝土楼梯和现浇钢筋混凝土楼梯。预制钢筋混凝土楼梯又可分为墙承式楼梯、悬臂式楼梯、斜梁式楼梯、板式楼梯。

二、楼梯的组成

楼梯一般由楼梯段、平台、栏板或栏杆三部分组成。楼梯段由梯梁（斜梁）、梯板等构件组成。平台由平台梁、平台板等组成。栏板或栏杆由栏板或栏杆、扶手等组成，如图7-2所示。

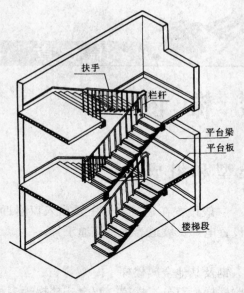

图 7-2　楼梯的组成

1. 楼梯段

楼梯段是楼梯的主要组成部分，楼梯段的宽度应根据人流量和安全疏散的要求来决定。一般单人通行应不小于 850mm，双人通行时为 1000～1200mm，三人通行时为 1500～1800mm。

踏步由水平的踏面和垂直的踢面组成，楼梯踏步高宽比（单位为 mm）的经验公式为：

（1）踏步宽 b + 踏步高 h = 450

（2）踏步宽 b + 2×踏步高 h = 600

2. 平台

平台的作用是作为上下楼梯休息之用，中间休息平台的净宽度不小于梯段宽度。楼梯在楼层上下起步处也应有一段平台，作为上下缓冲地段。

3. 栏杆（或栏板）、扶手

栏杆和栏板是楼梯的围护构件，作为安全的措施。在栏杆或栏板上部安装扶手，栏杆高为 900mm，栏杆的净空不应大于 120mm，以免小孩钻出发生危险。

楼梯宜设置专门房间即楼梯间，楼梯的净空高度应大于 2200mm，以免碰头，尤其在底层楼梯平台下作通道或储藏室时更应注意。

第二节　钢筋混凝土楼梯的构造

钢筋混凝土楼梯是目前一般民用建筑中最为广泛采用的一种楼梯，它具有较高的强度和防火性能。下面分别介绍钢筋混凝土现浇和装配式楼梯的构造。

一、现浇钢筋混凝土楼梯

现浇钢筋混凝土楼梯是在施工现场就地支模、绑扎钢筋和浇灌混凝土而成的一种整体式钢筋混凝土楼梯，因此这种楼梯刚性好，适用于刚性要求高的重要民用建筑。但现浇钢筋混凝土楼梯施工麻烦、工期较长、造价高，所以在一般民用建筑中较少采用。

现浇钢筋混凝土楼梯主要有两种形式：板式和斜梁式。

1. 板式楼梯

板式楼梯是将楼梯段作为一块板，板底平，板面上做成踏步，两端斜放在上下两个平台梁上。这种楼梯构造简单、施工方便，但自重大、材料消费多，适用于楼梯段跨度较小、荷载较小的楼梯，如图 7-3（a）所示。

2. 斜梁式楼梯

斜梁式楼梯是设置斜梁来支承踏步板，斜梁搁置在平台梁上，这种楼梯受力较好，但施工时安装模板较为麻烦，如图 7-3（b）所示。

二、预制钢筋混凝土楼梯

预制钢筋混凝土楼梯是将楼梯分成若干构件，在预制厂或工地预制场地加工而成的，施工时将预制构件进行装配、安装就位即可。因符合多、快、好、省的要求，目前一般民用建

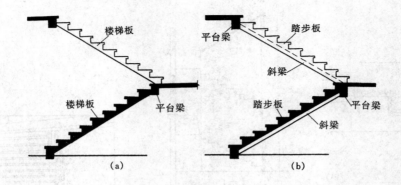

图 7-3 现浇钢筋混凝土楼梯
(a) 板式楼梯；(b) 斜梁式楼梯

筑普遍采用这种楼梯，各地还编绘了标准图集，供设计选用。根据预制构件的特点，预制钢筋混凝土楼梯有下列四种基本形式。

1. 墙承式楼梯

这种楼梯是用小型梯板构件，直接砌筑在楼梯间墙上的。若为双跑楼梯，则在楼梯中间砌一道 240mm 的承重墙，搁置上下两段梯板构件。由于楼梯均为小型构件，在此施工方便，造价经济，在标准较低的民用建筑中采用较普遍；缺点是由于楼梯中间设墙，楼梯间采光较差，而且上下转弯不方便，并遮挡视线，影响上下，如图 7-4 所示。

梯板断面形式有三种：凵 形、一字形、丅形。

若为一字形平板，则踢脚板应用立砖砌成（60mm 厚），抹 1:2 水泥砂浆，如图 7-5 所示。

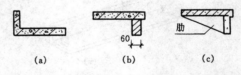

(a)　　(b)　　(c)

图 7-4　墙承式楼梯　　　　　图 7-5　梯板形式

为了转弯安全、方便，设置望人孔，便于及时发现上下来人；也可做成缺口，便于观察。

墙承式楼梯施工图的特点为：

（1）平面设计。两梯段之间无间隙，设有 240mm 承重墙。

（2）剖面设计。剖切梯段画粗实线，未剖梯段画虚线，楼段中间承重墙扶手高度结束。

（3）节点详图。根据梯板形式而定，如凵形梯板，则节点详图见图 7-6。

2. 悬臂式楼梯

悬臂式楼梯的特点是结构新颖、外观美观轻巧，因此是目前民用建筑中常采用的一种楼梯。它的缺点是用钢量较大，施工时应设置临时支架。由于楼梯为悬臂结构，因此不宜用于地震区，如图 7-7 所示。

梯板形式有凵 形；一字形；冂形。

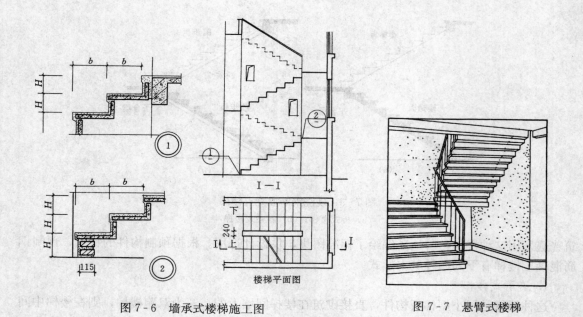

图 7-6 墙承式楼梯施工图　　　　　　　图 7-7 悬臂式楼梯

端头为矩形或∟形、⌐形、一字形，嵌入墙内240mm，并在上面须有3m左右的墙体压住，以保证其稳定性，如图7-8所示。

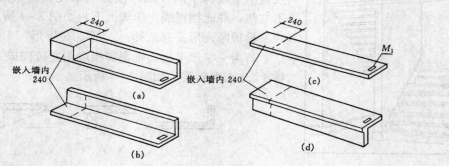

图 7-8 悬臂式楼梯梯板形式

悬臂式楼梯构造基本上同墙承式楼梯，墙承式楼梯的梯板是两端嵌入墙内，而悬臂式楼梯是一端嵌入墙内，一端悬空，用钢栏杆将各梯板焊接连成整体。因此，板的悬空一端板面应设置预埋铁件M1，如图7-9（b）所示。预埋铁件应与主筋焊接，如图7-9所示。

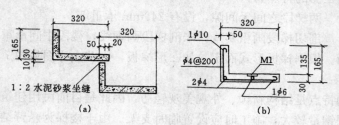

图 7-9 悬臂式楼梯构造

图 7-10 斜梁式楼梯

3. 斜梁式楼梯

斜梁式楼梯的梯段是由梯梁（斜梁）和踏步板两部分构成的。踏步可做成∟形或冂形，搁置在锯齿形的梯梁上，也可将踏步作成三角形，搁置在矩形断面的梯梁上，梯梁支承在平台梁上，平台梁支承在楼梯间墙上，如图 7-10 所示。下面介绍斜梁式楼梯的构造。

（1）斜梁。斜梁的形式有锯齿形、矩形、∟形三种，如图 7-11 所示。

（2）踏步板。踏步板的形式有三角形、冂形、∟形三种，如图 7-12 所示。

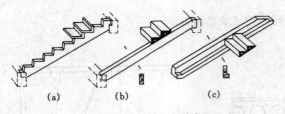

图 7-11 斜梁的形式

(a) 锯齿形；(b) 矩形；(c) ∟形

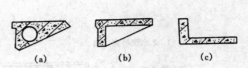

图 7-12 踏步板的形式

(a) 三角形；(b) 冂形；(c) ∟形

（3）平台梁。平台梁的形式有：

1）矩形，梁上留槽口，斜梁插入就位，预埋铁件焊牢。

2）∟形，梁直接搁置在∟形梁上，用预埋铁件相连，如图 7-13 所示。

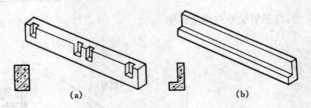

图 7-13 平台梁

(a) 矩形平台梁；(b) ∟形平台梁

（4）节点构造详图如图 7-14 和图 7-15 所示。

4. 板式楼梯

板式楼梯一般由梯板、平台梁、平台板及栏杆等组成。整个梯段可作整块的梯板，或分成若干块。图 7-16 和图 7-17（a）为两块拼成一个梯段。梯段板支承在平台梁和基础梁上，平台梁为了支承梯板，通常作成∟形。

板式楼梯的特点是将斜梁、踏步板加工成一整体，这样可加快吊装速度，减少现场工人的劳动强度。但这种楼梯构件自重大，需要有较大能力的起重运输设备。为了减轻梯板重量，可做成空心的构件，如图 7-17（b）所示。

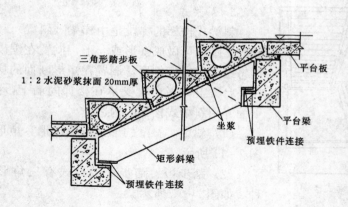

图 7-14 矩形斜梁节点构造详图

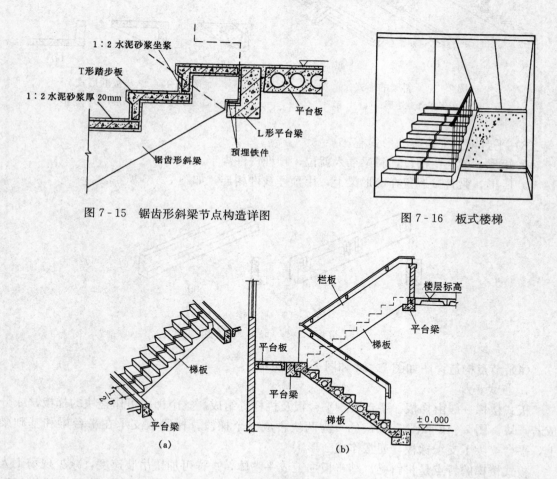

图 7-15 锯齿形斜梁节点构造详图

图 7-16 板式楼梯

图 7-17 板式楼梯示意图和剖面图

第三节 楼梯细部的构造

一、踏步

踏步由踏面和踢面构成。为了不增加梯段长度，扩大踏面宽度，使行走舒适，常在边缘突出 20mm 或向外倾斜 20mm，形成斜面，如图 7-18 所示。

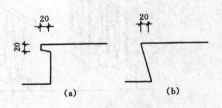

图 7-18 踏步形式

踏步表面应用耐磨、美观、防滑的材料做成面层，面层做法（尺寸为 mm）有 1:2 水泥砂浆，厚 20mm；水磨石，厚 35mm；预制块材，厚 30～40mm；塑料等。

为了上下楼梯安全，踏步面层靠外缘 50～80mm 处，做防滑条。一般做法有金刚砂、马赛克、铜条、合金铝条、塑料条等，防滑条表面比踏面略高 2～3mm，如图 7-19 所示。

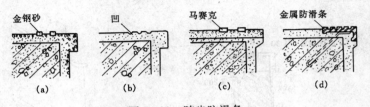

图 7-19 踏步防滑条

(a) 金刚砂防滑条；(b) 防滑凹槽；(c) 马赛克防滑条；(d) 金属防滑包角

二、栏杆和栏板

栏杆和栏板是在梯段和平台临空一边所设置的安全措施。栏杆是透空构件，栏板是不透空的构件，高度一般为 900mm，栏杆和栏板上做扶手，即可作为上下楼梯的依靠。

楼梯与栏杆的连接，在所需部位应预埋铁件或预留孔洞方式连接，如图 7-20 所示。

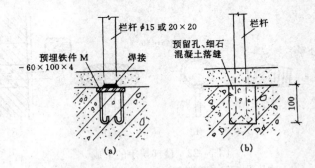

图 7-20 楼梯与栏杆的连接

(a) 预埋铁件连接；(b) 预留洞连接

预埋铁件一般在踏步板面上，材料为 -100mm×60mm×4mm，用 M 表示，铁件应与主筋焊牢。

预留洞一般在斜梁上和平台梁上，深 100mm，用 200 号细石混凝土嵌缝。栏杆形式多种多样，如图 7-21 所示。

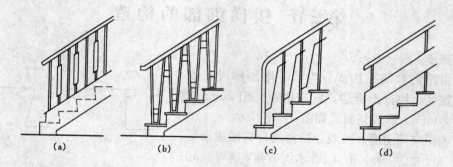

（a） （b） （c） （d）

图 7-21 空花栏杆

实心栏板可用 1/2 砖砌筑，厚 120mm，或用预制及现浇钢筋混凝土板制成，以及用角钢做立柱，内外衬胶合板，有机玻璃等做成栏板。在标准较低的建筑中，常用砖砌栏板，构造如图 7-22 所示。

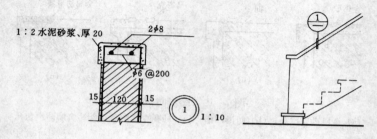

图 7-22 实心栏板

三、扶手

楼梯扶手可用硬木、钢管、水泥砂浆、水磨石等制成。目前还用各种塑料做成扶手。当楼梯宽度超过 1600mm 时，应增设靠墙扶手，如图 7-23（d）所示。

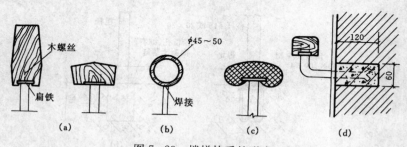

（a） （b） （c） （d）

图 7-23 楼梯扶手的形成

（a）木扶手；（b）钢管扶手；（c）塑料扶手；（d）靠墙扶手

第八章

怎样看楼板及楼地面图

第一节 楼板的种类与要求

楼板是房屋水平方向的承重构件，它承受楼面上所有的静荷载、活荷载，以及自重，并把这些荷载传递到墙、柱上去，是房屋建筑的重要构件之一。

一、楼板的类型

楼板类型很多，主要有下列四种：

（1）预制钢筋混凝土楼板，如图8-1（a）所示。

（2）现浇钢筋混凝土楼板，如图8-1（b）所示。

（3）砖拱楼板，如图8-1（c）所示。

（4）木搁栅楼板，如图8-1（d）所示。

其中，采用较多的是钢筋混凝土楼板。

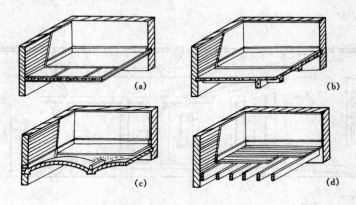

图 8-1 楼板的类型

（a）预制钢筋混凝土楼板；（b）现浇钢筋混凝土楼板；（c）砖拱楼板；（d）木搁栅楼板

二、楼板的要求

（1）坚固方面的要求。楼板应坚固、耐久，具有足够的刚度和强度。

（2）隔声方面的要求。楼板应满足隔声的一般要求，楼层上活动不影响下一层正常的工作和生活，噪声小于60dB（噪声界限）。

（3）经济方面的要求。楼、地层占总造价的20%～30%，设计上应经济、合理。选择适当的构造方案，对降低造价、加快施工速度都有明显的效益。

（4）热工和防火的要求。根据建筑等级和房间的功能要求，满足其热工、防火以及防水等方面的要求，如厨房、厕所、浴室、盥洗室等。

三、楼层的组成

楼层主要由面层、基层、顶棚三部分组成，必要时可增设填充层，以满足保温、隔声、隔热等方面的要求。

（1）面层。由耐磨、美观、易清洁、吸热系数小的材料组成。

（2）基层。由梁、板、搁栅等承重构件组成，承受楼层上的全部荷载。

（3）顶棚。由隔热、隔声、美观等的材料组成。

第二节 钢筋混凝土楼板

钢筋混凝土楼板具有较高的强度和刚度，较好的耐久和耐火性。因此，钢筋混凝土楼板在民用建筑中被广泛采用。钢筋混凝土楼板分为现浇式和装配式两种。

一、现浇钢筋混凝土楼板

现浇钢筋混凝土楼板，一般用 C15～C20 级混凝土、HPB300 级或 HRB335 级钢筋在现场浇灌而成。这种楼板坚固、耐久、刚度大、整体性好，设备留洞或设置预埋件都较方便，但施工速度慢，耗用模板多，劳动强度大，受季节和气候影响，因此成本高。

现浇钢筋混凝土楼板按结构形式可分为：肋形楼板、井式楼板、无梁楼板。

1. 肋形楼板

按房间尺寸的不同，设置梁、板、柱等构件。房间较小的仅设次梁和板即可，跨度较大的设主梁、次梁、板，组成肋形楼板。若主梁跨度超过 8m，则中间设柱以减小梁的跨度，如图 8-2 所示。

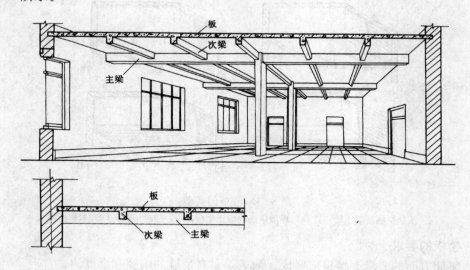

图 8-2 肋形楼板

肋形楼板的梁、板、柱的经济尺寸如下：

（1）板。现浇板厚度不小于 60，常用 80mm，板的跨度为 1500～3000mm。

（2）次梁。次梁跨度 4000～6000mm，次梁高为 1/15～1/20 跨度，即 250～400mm，次梁宽等于高度的 1/2～1/3，即 200～500mm。

（3）主梁。主梁跨度为 500～9000mm，主梁高为 1/10～1/15 跨度，即 400～1000mm，主梁宽等于高度的 1/2～1/3，即 200～500mm。

（4）柱。柱的断面为 300mm×300mm 以上。

（5）搁置长度。板不小于 120mm，梁高小于 400mm 但不小于 120mm，梁宽不小于 400mm。梁下均应设置梁垫（即为 C10 混凝土垫块）。

肋形楼板尺寸及钢筋截面和数量，应进行结构计算和构造处理。为了美观，可在楼板下部设置吊平顶。

2. 井式楼板

井式楼板也是由梁板组成的，没有主次梁之分，梁的断面一致，因此是双向布置梁，形成井格。井格与墙垂直的称为正井式，井格与墙倾斜成 45°布置的称为斜井式。

井式楼板跨度一般为 10m 左右，井格为 2.5m 以内，适用于大厅。板是由四面支承的，称为双向板，如图 8-3 所示。

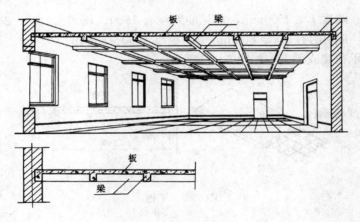

图 8-3 井式楼板

3. 无梁楼板

无梁楼板是将楼板直接支承在墙、柱上。为增加柱的支承面积和减小板的跨度，在柱顶上加柱帽和托板，柱子一般按正方格布置，柱间以 6m 较为经济，板厚不小于 120mm。

无梁楼板多用于楼板上活荷载较大（如在 5.0kN/m² 以上）的商店、仓库、展览馆等建筑，如图 8-4 所示。

二、预制钢筋混凝土楼板

预制钢筋混凝土楼板其梁、板等构件是在预制厂或现场预制而成的。可根据需要，制成不同规格的构件，然后现场吊装就位。这种预制装配式楼板可节约模板、提高工效、保证质量，也便于制成预应力构件。所谓预应力就是通过张拉钢筋来对混凝土预加应力，使材料充分发挥各自效能。预应力构件比非预应力构件节约钢材 30%～50%、混凝土 10%～30%。因此，凡有条件的地方尽可能采用预应力构件。

常用预制楼板，均有标准图，可根据房间开间、进深尺寸和楼层荷载情况进行选用。预制楼板主要有下列几种。

1. 平板

预制钢筋混凝土平板用于跨度较小的部位，如走道板、平台板、管沟盖板等。

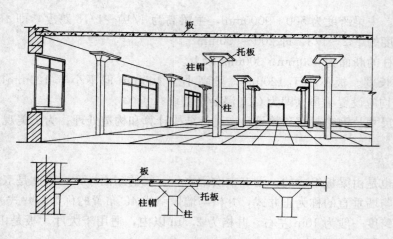

图 8-4　无梁楼板

　　板的尺寸为：跨度 $L \leqslant 2500mm$，常见的跨度有 1500、1800、2100、2400mm 等。宽度为 400～900mm，常用的有 500、600mm 等。板厚为 50～80mm。

　　平板直接支承在墙或梁上，如图 8-5 所示。

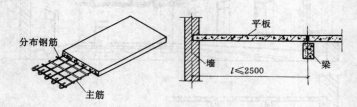

图 8-5　平板

2. 空心板

预制钢筋混凝土空心板是民用建筑中广泛采用的一种楼板。

空心板的尺寸为：最大跨度 $L \leqslant 6600mm$，预应力空心板可达 7200mm，常用的有 3000、3300、3600mm 等。宽度为 500～1200mm，高度为 90～180mm，常用的有 120、140、180mm 等。

空心板两端伸入墙内 120、入墙部分的孔应以砖或混凝土块堵塞。板的两侧做成凹口或斜面形式，铺设后灌以细石混凝土，以加强板与板之间的连系，如图 8-6 所示。

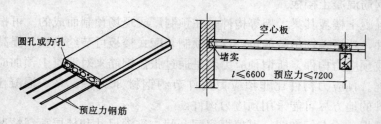

图 8-6　空心板

3. 槽形板

预制钢筋混凝土槽形板有两种：槽板和倒槽板。槽口向下的叫槽板，槽口向上的叫倒槽板。槽板留孔洞方便，多用于厨房、厕所等有孔洞的楼板位置。槽板板底不平整，为了美观可加设平顶。倒槽板的槽曲内可填以隔声、保温材料，上面另做钢筋混凝土楼板（或屋面板）或木楼板。

槽形板是梁板合一的构件，两边的边肋实质上是梁，中间可设小肋，肋是槽形板的受力部分。在敷设管道时，留洞或打洞应错开位置，不要在肋上打洞，以免损伤结构，造成构件破坏，槽形板外形如图8-7所示。

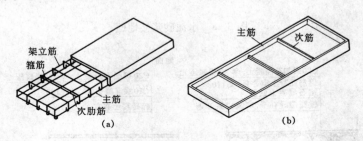

图 8-7 槽形板
(a) 槽形板；(b) 倒槽板

槽形板的尺寸为：跨度 $L \leqslant 7200mm$，倒槽板 $L = 4000mm$，宽度为 $400 \sim 1500mm$，常用的有 500、600、800mm，高度为 $120 \sim 240mm$，常用的有 140、180、240mm。

除上述平板、空心板、槽形板之外，预制钢筋混凝土楼板相配合的构件还有过梁、主梁、次梁以及楼梯梁、板等，可查阅有关的标准图集。

第三节 楼 地 面

楼地面是底层地面和楼层楼板面的总称。

一、楼地面的要求及组成

楼地面要求坚固、耐磨、美观、平整，易于清洁，不起灰尘，地面蓄热系数小，潮湿房间的地面（如厨房、厕所、盥洗室）应耐水和防水，并易排水。

选择楼地面材料应尽量做到适用、经济、美观、耐久，并且应就地取材，施工方便。

楼地面的组成图示如下：

$$
楼层 \begin{cases} 面层 \\ 基面 \\ 顶棚 \end{cases} \qquad 地层 \begin{cases} 面层 \\ 垫层 \\ 基层 \end{cases}
$$

二、楼地面的种类及构造

楼地面的名称主要是根据面层名称而命名的，如面层是木地板，不论下面是木基层或钢筋混凝土基层，都以面层而命名为木楼面或木地面。

下面介绍常用楼地面的构造。

1. 水泥砂浆楼地面（如图8-8所示）

2. 混凝土楼地面（如图8-9所示）

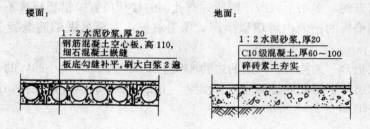

图 8-8　水泥砂浆楼地面

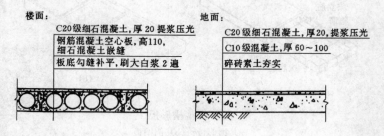

图 8-9　混凝土楼地面

3. 水磨石楼地面（如图 8-10 所示）

水磨石楼地面应分格施工，做成不大于 1m 方格，或做成各种图案，分格用 15mm 高玻璃条或金属条镶嵌而成，如图 8-11 所示。

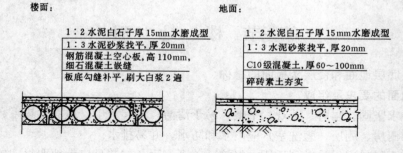

图 8-10　水磨石楼地面

面层也可做成 300mm×300mm 预制水磨石板，1∶2 水泥砂浆坐浆和嵌缝。

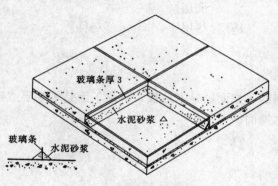

图 8-11　水磨石地面分格构造

水磨石地面坚固、光滑、美观、易清洁、不起灰尘，一般用于大厅、走廊、厕所等处。

4. 陶瓷马赛克楼地面（锦砖）

陶瓷马赛克又名陶瓷锦砖，它用优质瓷土烧制成各种色彩。它的尺寸规格较多，一般为 19mm×19mm×4mm、39mm×39mm×4mm 小块，产品预先贴在牛皮纸上。施工方法为，在刚性垫层上做找平层，在找平层上用素水泥浆与陶瓷马赛克结合，待凝结后浇水刷去表面的牛皮纸，最后用水泥浆补缝。为了美观，可用白水泥或彩色水泥浆补缝。

陶瓷马赛克坚实、光滑、美观、平整、不透水、耐腐蚀，属高级装修材料，一般用于标准高的厕所、浴室、盥洗室、餐厅、厨房、理发室等的地面，如图 8-12 所示。

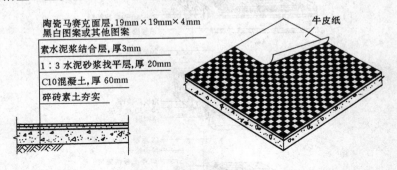

图 8-12　陶瓷马赛克楼地面

5. 塑料块材楼地面

塑料块材或卷材地面是一种新型的地面装饰材料，它的装饰效果好，耐磨、无尘、表面光洁、色彩鲜艳、成本低、施工方便，规格为 300mm×300mm×2mm、200mm×200mm×2mm 或 1000mm 左右宽的卷材等。色彩有几十种，用专用胶粘剂粘贴，如图 8-13 所示。

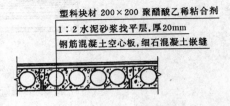

图 8-13　塑料块材料地面

6. 木楼地面

木楼地面是指表面由木板铺钉或胶合而成的地面，其优点是具有弹性、不起灰尘、易清洁、不反潮、蓄热系数小，因此常用于高级住宅、宾馆、剧院舞台、体育馆比赛场地等建筑中。

木地面有普通木地面、硬木地面、拼花地面三种。按构造方式不同，可分为木楼面和木地面。木地面又有架空式和实铺式两种。

下面介绍四种较有代表性的木楼面构造。

（1）木搁栅楼面。这是一种用木搁栅做基层的楼面。搁栅一般为方料（或圆木），截面为 75mm×150mm，间距为 400～600mm（应经计算确定）。为加强稳定，每隔 1200mm 设剪刀撑一道，上钉企口板，下钉灰板条顶棚，中间可加隔声、保温填充材料，如图 8-14 所示。木搁栅楼面，由于木料消耗大、防火性能差，除高级装饰要求和林区等外，一般应尽量少采用。

这是一种在钢筋混凝土空心板基层上铺置的一种木楼面，采用较为普遍，下面介绍几种构造做法。

（2）粘贴式拼花木楼面。钢筋混凝土空心楼板，基层用 1∶3 水泥砂浆找平，厚为 20mm，上刷冷底子油一道，刷热沥青一道，用沥青或环氧树脂粘贴硬木，企口拼花地板，表面刨光、油漆、上光打

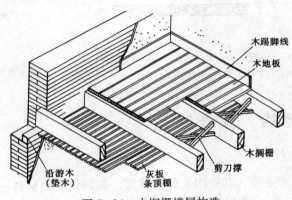

图 8-14　木搁栅楼层构造

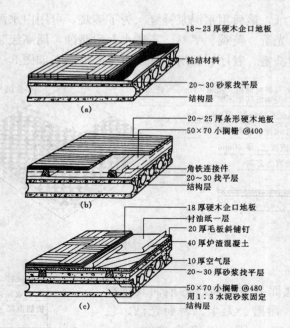

图 8-15　木楼面构造

（a）粘贴式木楼面；（b）单层木楼面；（c）双层木楼面

蜡，如图8-15（a）所示。

（3）单层木楼面。在空心楼板上做找平层，并在板缝中埋置角铁连接件或φ6钢筋、防腐木楔等，上面钉50mm×70mm的小搁栅，间距为400～500mm，在上面铺设企口木地板，厚为20～25mm，如图8-15（b）所示。

（4）双层木楼面。基层与单层木楼面相同，第一层为20mm厚的毛楼板，45°斜铺钉，上面衬油纸一层，上钉18mm厚的硬木企口地板或拼花地板，如图8-15（c）所示。

木楼地面上的木板板缝形式如图8-16所示。

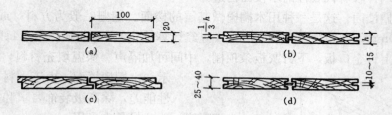

图 8-16　板缝形式

（a）平缝；（b）企口缝；（c）错口缝；（d）销板缝

第四节　踢脚线、墙裙构造

一、踢脚线

踢脚线是楼地面与墙面相交处的一种构造处理，其作用是保护墙面。踢脚线面层材料一般和楼地面面层材料相同，高度为100～200mm，常用的踢脚线有水泥砂浆、水磨石、木材等，如图 8-17 所示。

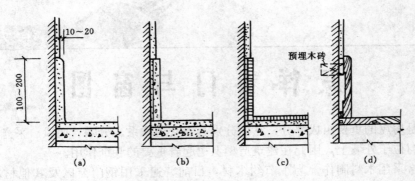

图 8-17 踢脚线

(a) 水泥踢脚线；(b) 水磨石踢脚线；(c) 马赛克踢脚线；(d) 木踢脚线

二、墙裙

墙裙是踢脚线向上的延伸。

墙裙的高度为 900～1800mm，按需要确定，一般为 1200～1800mm。材料有水泥砂浆、水磨石、瓷砖、马赛克、木材、塑料贴面板、油漆等。

墙裙的主要作用是保护墙面的清洁卫生，易于清洗，常用在厕所、浴室、厨房、餐厅、盥洗室、公共走廊等。装饰要求较高的房间也可做木墙裙等。

怎样看门与窗图

门与窗是房屋的重要组成部分，它们分别起着交通联系、分隔、通风、采光等作用。同时，部分门窗位于外墙上，因此在建筑造型上也起着重要的装饰作用。

门窗通常采用木料制作，为了节约木材，目前普遍采用钢门窗以及其他材料制成的门窗。门窗设计和生产，已逐步走向标准化，各地均有标准图集，因此要求尺寸规格合符模数和标准，以适应工业化生产的需要。

门与窗是建筑中的两个重要围护构件，要求开启方便、坚固耐久，便于清洗和维修，并且要求造型美观大方，与建筑立面协调一致。

第一节 窗的种类与构造

一、窗的种类

（1）窗按材料分，有木窗、钢窗、铝合金窗、塑料窗、钢筋混凝土窗等。

（2）窗按镶嵌材料不同分，有玻璃窗，采光；百叶窗，通风、遮光；纱窗，通风、防虫；防火窗，防火；防爆窗，防爆；保温窗，保温、防寒、采光；隔声窗、隔声（要求密封性好）等。

（3）窗按开启方式分，有固定窗、平开窗、推拉窗、悬窗。悬窗又可分上悬、中悬、下悬窗等。

一般平开窗的各部构造名称，如图9-1所示。窗的开启形式，如图9-2所示。

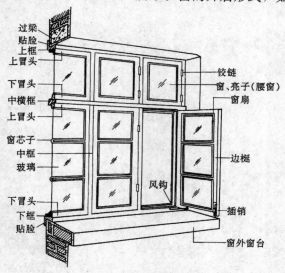

图9-1 窗的各部构造名称

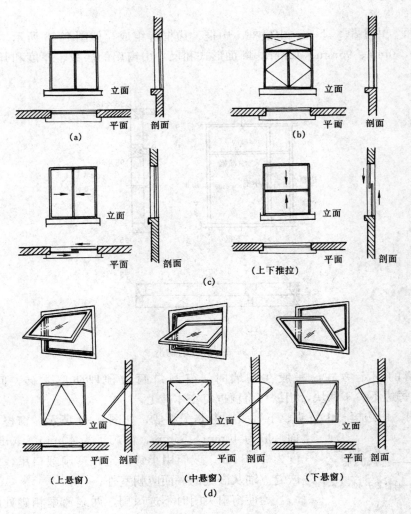

图 9-2 窗的开启形式

(a) 固定窗；(b) 平开窗；(c) 推拉窗；(d) 悬窗

二、窗的一般尺寸

窗的尺寸以墙体洞口尺寸为标准，基本尺寸一般均为 300mm 作为扩大模数，可以组合成各种形式。

窗的洞口宽度（单位为 mm）：600（单扇）、1000、1200（双扇）、1500、1800（三扇）、2100、2400（四扇）、3000、3300、3600（六扇）等。

窗的洞口高度：600、1200、1500、1800、2100、2400、2700mm 等。

窗扇尺寸不宜过大，一般窗扇宽度不大于 600mm，高度不大于 1500mm。过大、过高时，应设亮子（腰窗）和窗芯子。

三、木窗的组成与构造

1. 木窗的组成

木窗一般由窗框、窗扇、五金零件等组成。有的木窗还有贴脸、窗台板等附件，如图 9-1所示。

2. 木窗的构造

（1）窗框。由上框、下框、中横框、中框、边框等组成，如图9-3所示。窗框断面一般为95mm×50mm、95mm×42mm，断面形式和尺寸由窗扇的层数、厚度和开启方式等因素来确定。

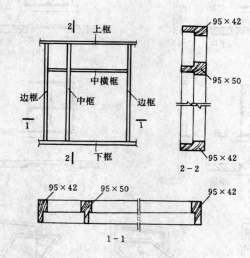

图9-3 窗框的构造

窗框与墙的固定方式，一般在砌墙时，窗洞口两边预埋防腐木砖，间距不大于1000mm，但每边不少于两块，用铁钉将窗框钉在木砖上。

（2）窗扇。由边梃、上冒头、下冒头、窗芯子组成，如图9-4所示。窗梃和冒头的断面一般为40mm×55mm，窗芯子为40mm×30mm，玻璃厚度为2～3mm。玻璃用小钉固定在窗扇裁口里，然后用油灰嵌缝。油灰嵌缝的一面应朝室外。

为使窗扇关闭时不透风雨，两扇窗扇相碰处应设碰头缝（高低缝或钉上压缝条）。窗亮子（腰窗）可以平开，也可做成悬窗。

纱窗扇构造相同，但扇料断面较小一些，为30mm×55mm。纱料用小木条压牢。百叶窗扇是在一般扇料中安装百叶片。

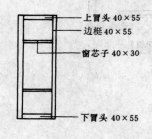

图9-4 窗扇的名称

木窗实例如图9-5所示。

（3）五金零件。不同的窗有相应的五金零件。平开窗的五金零件有铰链、插销、窗钩、拉手、铁三角等。五金零件均用木螺钉固定。

四、钢窗及其构造

随着钢铁工业的发展，钢窗在一般民用建筑中已被广泛采用，钢窗断面有实腹热轧型钢和空腹薄壁钢板两种，然后用焊接方式加工成各种规格的钢窗。钢窗的特点是：节约木材、坚固耐久、采光面积比木窗大，便于工业化生产，是发展的方向。

钢窗的形式和尺寸与木窗基本相同，可相互代换使用，各省市均有标准钢门窗图集。图9-5为木窗实例。若改为钢窗，可采用图9-6所示的平开实腹钢窗。

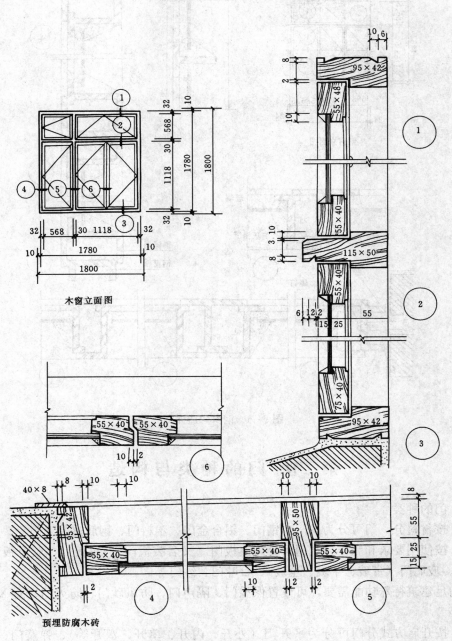

木窗立面图

预埋防腐木砖

图 9-5 木窗构造详图

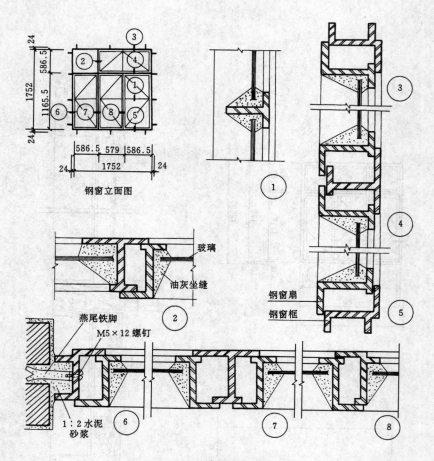

钢窗立面图

玻璃

油灰坐缝

燕尾铁脚

M5×12 螺钉

1:2 水泥
砂浆

钢窗扇

钢窗框

图 9-6 钢窗构造详图

第二节 门的种类与构造

一、门的种类

（1）按材料分，门可分为木门、钢门、铝合金门、塑料门、钢筋混凝土门等。

（2）按使用要求和制作分，门可分为镶板门（又名装板门）、拼板门、胶合板门（又名贴板门）、玻璃门（带玻、半玻、全玻）、百叶门、纱门等。

为满足建筑特殊功能需要，可设置保温门、隔声门、防风砂门、防火门、防 X 射线门、防爆门等。

（3）按开启方式分门可分为平开门（外开、内开、单开、双开等）、弹簧门、推拉门、转门、折叠门、铁栅栏门、卷帘门等。

二、门的符号

常用门的符号，其平面图形表示方法如图 9-7 所示。

三、门的一般尺寸

门的洞口尺寸以 300mm 为扩大模数，可以组合成各种规格。其中，考虑人体尺寸，个

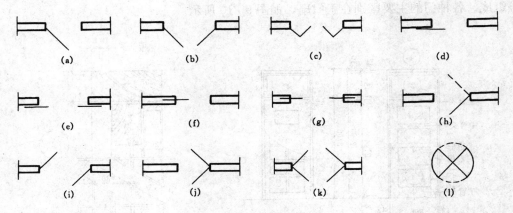

图 9-7　门的符号

别单扇门可不以 300 为模数。

门洞口的宽度：700、800、900、1000（单扇门）、1200、1500、1800（双扇门）、2400、3000、3300、3600（四扇门）（单位：mm）。

门洞口的高度分为两类，有腰窗门洞高度为 2400mm、2700mm、3000mm、3300mm、…；无腰窗门洞高度为 2000mm、2200mm、…。

四、木门的组成与构造

1. 木门的组成

木门一般由门框、门扇、腰窗、五金零件组成。有的木门还有贴脸等构件，图 9-8 所示的是单扇带玻璃镶板门各部构造名称。

2. 门框的构造

门框又叫门樘子，由边框、上框、中横框、门槛（一般不设）等组成。断面尺寸根据铲口做法和门的大小而定，一般门框料的断面为 42～60mm×95mm×115mm。门框安装方式一般在边框两边墙体内预埋木砖 115mm×53mm×240mm@100mm 中距，木砖应做防腐处理，如图 9-9 所示。

3. 门扇的构造

门扇由上冒头、中冒头、下冒头、边梃、门芯

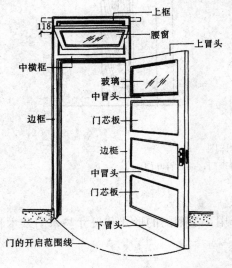

图 9-8　门的各部构造名称

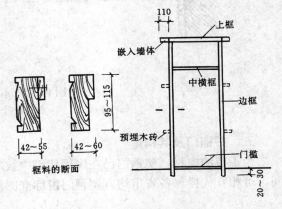

图 9-9　门框的构造

板等组成。各种门的主要区别在于门扇，如图9-10所示。

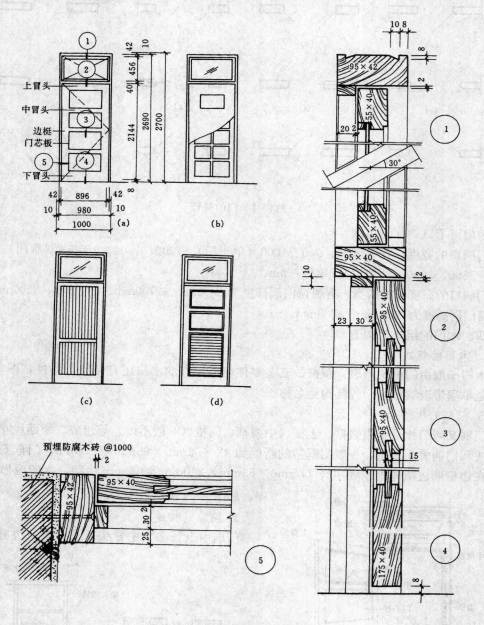

图 9-10　木门构造详图

(a) 镶板门；(b) 胶合板门；(c) 拼板门；(d) 百叶门

五、塑钢门及其构造

为了节约木材，塑钢门已在民用建筑中被广泛采用，塑钢门的形式和尺寸与木门基本相同，可相互代换，各省市均有塑钢门窗标准图集。

第十章

怎样看屋顶图

第一节 屋顶的作用及类型

一、屋顶的作用及要求

屋顶位于建筑的最上部，覆盖着整个建筑，其作用是抵抗大自然的风、雨、雪、霜、太阳辐射等侵袭，因此要求屋面具有良好的防水、保温、隔热性能。屋顶承受屋面传来的风、雪、施工等荷载，并连同屋顶自重全部传给墙体，因此要求屋顶具有足够的强度、刚度和稳定性，地震区还应考虑地震荷载对它的影响，满足抗震的要求，并力求做到自重轻、构造简单；就地取材、施工方便；造价经济、便于维修。同时，屋顶又是建筑造型的主要组成部分，因而屋顶应注意与整体建筑协调。屋顶形式如图 10 - 1 所示。

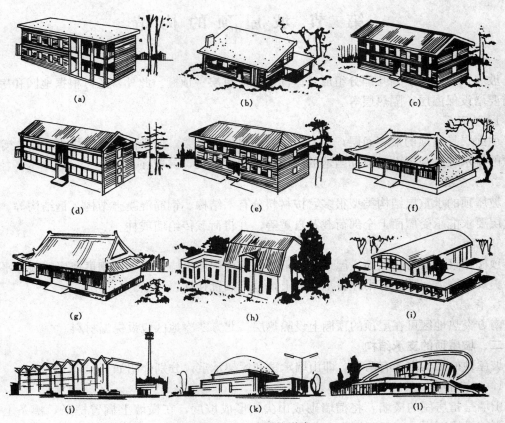

图 10 - 1 屋顶的形式

二、屋顶的类型

屋顶按外形可分为四大类：平屋顶、坡屋顶、曲面屋顶、折板屋顶等。

1. 平屋顶

平屋顶是目前采用较多的一种屋顶形式，一般是用现浇或预制钢筋混凝土板作为承重结构，屋面应作防水、隔热、保温处理。为便于排水，平屋顶应有一定坡度，一般在 5% 以下，如图 10-1（a）所示。

2. 坡屋顶

坡屋顶的形式有单坡、双坡（悬山、硬山）、四坡（庑殿、歇山）、折腰等。一般用屋架等作为承重结构。屋面材料目前多用烧结瓦和水泥瓦等。坡屋顶构造简单，也较经济，但自重大、瓦片小，不便于机械化施工，如图 10-1（b）、（c）、（d）、（e）、（f）、（g）、（h）所示。

3. 曲面屋顶

曲面屋顶形式多样，有拱形屋顶、球形屋顶、双曲面屋顶以及各种薄壳结构和悬索结构等形式，如图 10-1（i）、（k）、（l）所示。由于结构构造较复杂，因而曲面屋顶较少采用。

4. 折板屋顶

这是由钢筋混凝土薄板形成的折板构成的屋顶，其结构合理经济，但施工、构造比较复杂，目前采用较少，形式有 V 形折板、U 形折板等，如图 10-1（j）所示。

第二节　坡 屋 顶 的 构 造

一、坡屋顶的组成

坡屋顶通常由下列几部分组成：屋面层、承重层、顶棚。此外，还可根据地区和房屋特殊需要增设保温层、隔热层等。

1. 屋面层

屋面层是屋顶的最表面层，它直接承受大自然的侵袭，要求能防水、排水、耐久等。坡屋顶的排水坡度与屋面材料和当地的降雨量等因素有关，一般在 18°以上。

2. 承重层

坡屋顶的承重层结构类型很多，按材料分有木结构、钢筋混凝土结构、钢结构等。屋顶承重层要求能承受屋面上全部荷载及自重等，并将荷载传给墙或柱。

3. 顶棚

顶棚是最上层房间顶面、屋顶的最下层的一种构造设施，设置顶棚可使房屋顶棚平顶平整、美观、清洁。顶棚可吊挂在承重层上，也可搁置在柱、墙上。

4. 保温层、隔热层

南方炎热地区可在屋顶的顶棚上设隔热层，北方寒冷地区应设保温材料。

二、坡屋顶的支承结构

坡屋顶的结构方式有两种，即山墙承重和屋架承重，分别介绍如下。

1. 山墙承重（又称横墙承重）

山墙是指房屋的横墙，将横墙砌成山尖，形成坡度，在横墙上搁置檩条，檩条上立椽条，再铺设屋面层，一般开间在 4m 以内，适用于住宅、宿舍等民用建筑工程，如图 10-2

所示。

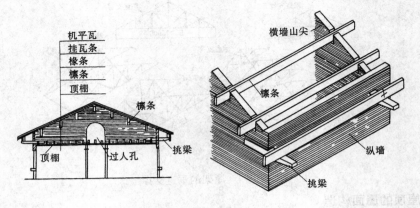

图 10-2　山墙承重构造

　　山墙承重结构方式的优点是构造简单、施工方便、节约木材，是一种经济、合理的结构方案。

　　2. 屋架承重

　　一般民用建筑常采用三角形屋架，用来支承檩条和屋面上全部构件，屋架搁置在房屋纵墙或柱上，屋架可用各种材料制成，有木屋架、钢筋混凝土屋架、钢屋架、组合屋架等。

　　屋架跨度为：9m、12m、15m、18m（3m 的倍数），一般用于木屋架，18m 以上用于钢筋混凝土屋架、钢屋架或组合屋架，其跨度递增以 6m 为倍数，即 24m、30m、36m 等。

　　屋架由下列各杆件组成：上弦、下弦、腹杆：直腹杆（竖杆）和斜腹杆（斜杆）。木屋架各部构造名称和节点详图如图 10-3 所示。

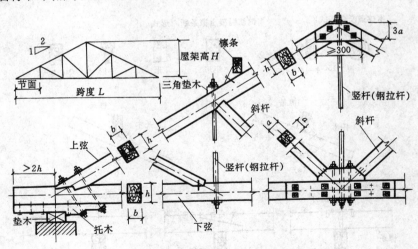

图 10-3　木屋架节点详图

　　为了保证屋架的纵向稳定，需要在两榀屋架之间设置垂直支撑构件，垂直支撑应每隔一榀屋架放置，使每两榀屋架连成一整体，但也不宜在屋架与山墙间设置垂直支撑。屋架支撑设置如图 10-4 所示。

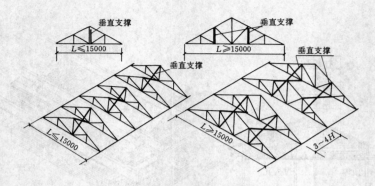

图 10-4　屋架的垂直支撑

三、坡屋顶的屋面构造

坡屋顶屋面由屋面支承构件和屋面防水层组成，支承构件由檩条、椽条、屋面板、挂瓦条等组成。屋面防水层有平瓦或小青瓦、水泥瓦、石棉水泥瓦、瓦楞薄钢板、铝合金瓦、玻璃钢波形瓦等，根据建筑要求而选定。

1. 屋面支承构件

（1）檩条。一般搁置在山墙或屋架上，间距@800~1000（水平投影），可用各种抗弯性能较好的材料制成，有木檩条、钢筋混凝土檩条、钢桁架组合檩条等。

1）木檩条。断面形式有圆形（ϕ100~ϕ150）、矩形（宽 50~80mm、高 100~150mm），长度不大于 6m。矩形檩条搁置在屋架上的方式有两种：一种是与屋架上弦垂直（倾斜搁置）；另一种是与地面垂直，与上弦倾斜（垂直搁置）。檩条与檩条接头有三种：对接、高低榫接、错接，如图 10-5 所示。

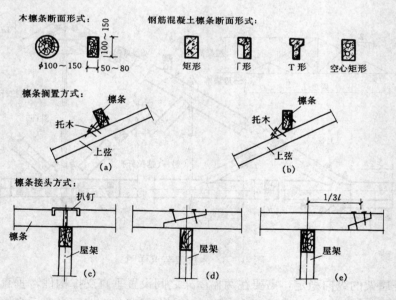

图 10-5　檩条的构造

2）钢筋混凝土檩条。将檩条制成钢筋混凝土檩条，断面有矩形、「形、T形、空心形等。

（2）椽条。又称椽子、桷子等。断面形式为矩形，40mm×70mm左右，垂直铺钉在檩条上面，间距为300～600mm，一般在400mm左右。

（3）挂瓦条。断面为矩形30mm×25mm、30mm×30mm、30mm×40mm等，间距为280mm或根据瓦的尺寸试铺而定。

此外，还有钢筋混凝土挂瓦板，断面形式如图10-6所示。这是一种经济适用、代替木材的有效措施，它不需要椽条、檩条和挂瓦条，直接搁置在钢筋混凝土屋架上或山墙上，板底（倾斜面）刷白还可代替平顶。

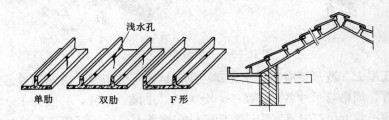

图10-6 钢筋混凝土挂瓦板

2. 屋面铺材与构造

平瓦屋面：机平瓦、水泥瓦、脊瓦、尺寸为400×240mm²，12块/m²，屋面坡度一般为26°34′（1：4）、34°（1：3.5）、35°（1：3）等。机平瓦和脊瓦如图10-7所示。

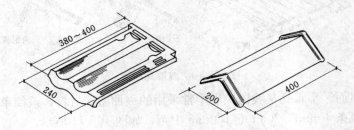

图10-7 机平瓦、脊瓦

机平瓦屋面的几种构造方法：

（1）楞摊瓦屋面。这是一种构造简单、南方地区较多采用的平瓦屋面形式，它的构造方法是：檩条上钉椽条，椽条上钉挂瓦条，直接挂瓦，省去屋面板和油毡，如图10-8所示。

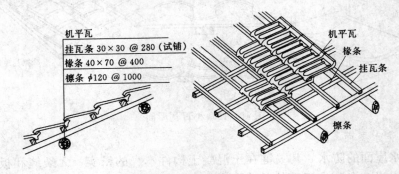

图10-8 楞摊瓦屋面

（2）木屋面板平瓦屋面。在檩条或椽条上钉屋面板（15～20mm厚），板上平行屋脊方向铺一层油毡，上钉顺水条，再钉挂瓦条挂瓦，如图 10-9 所示。

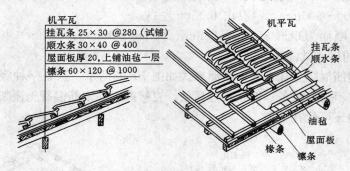

图 10-9　木屋面板平瓦屋面

（3）波形瓦屋面。波形瓦有石棉水泥瓦、钢丝网水泥波形瓦、玻璃钢波形瓦、瓦楞薄钢板、铝合金瓦等，规格与尺寸各地不统一，分大波、中波、小波，一般为 1800mm×900mm 左右，弧高为 30～50mm。构造方法是直接铺搭在檩条上，用瓦钉加垫圈钉在木檩条上，或用钢筋钩，勾住檩条。波形瓦上下搭接 100～200mm，左右搭接 1～2 波，如图 10-10 所示。

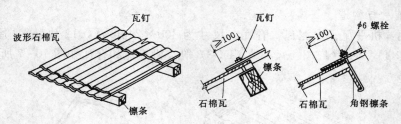

图 10-10　波形瓦屋面

（4）小青瓦屋面。小青瓦是我国民居中常采用的一种屋面材料，最简单的方法是将瓦叠接铺在椽条上，椽条 40mm×70mm@180mm 中距，如图 10-11 所示。

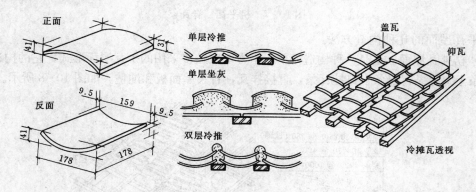

图 10-11　小青瓦屋面

3. 构件自防水屋面

构件自防水屋面的防水，其关键在于混凝土构件本身的密实、无裂缝和板面平整、光滑，构造处理得当。自防水屋面构件有单肋板、F 板、槽瓦、折板等，如图 10-12 所示，为槽瓦屋面构造。

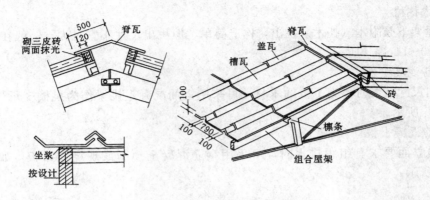

图 10-12 自防水槽瓦屋面

四、坡屋顶的顶棚构造

顶棚又称为平顶或天棚,设在坡屋顶屋架下弦或其他相应的位置,主要作用是增加房屋的保温、隔热性能,同时还能使房间顶部平整美观、室内明亮、清洁卫生,公共建筑还将顶棚做成各种装饰和设置各种灯具,达到装饰和丰富室内空间的效果。

顶棚可吊在檩条下(或屋架下弦)称为吊顶,或独立设置(搁置在墙上)称为平顶(天棚),也可直接将灰板条钉在檩条或椽条下面,做成斜平顶,常用于有搁楼层的平顶。

顶棚由承重层和面层组成,为了保温和隔热需要,可增设填充层。在民用建筑中,最常见的做法是灰板条顶棚和石棉吸声板顶棚,如图 10-13 所示。

顶棚面层还可钉各种板材,有木质纤维板、刨花板、三合板、石棉吸声板、石膏装饰板、钙塑泡沫装饰板等。为了节约木材,可采用钢筋混凝土顶棚板,直接搁置在承重墙上,断面为 ⌐ 形、工 形等,其断面尺寸由结构计算确定。缺点是自重大,耗用钢材和水泥。为了防止顶棚木基层腐烂,应注意通风和防火。

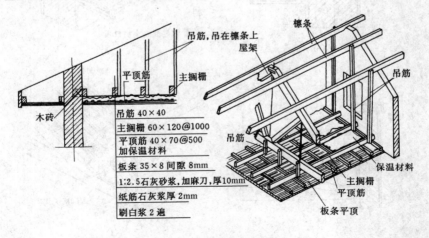

图 10-13 灰板条平顶构造

五、坡屋顶的檐口构造

建筑物屋顶与墙体顶部交接处称为檐口,其作用是保护墙身及建筑装饰。檐口作法有两种:挑檐和包檐。下面介绍几种常见的檐口构造作法及山墙做法。

73

1. 附木挑檐

利用屋架下弦附木（托木）挑出，构造简单，但挑出尺寸不宜过大，一般在 500mm 左右，如图 10 - 14（a）所示。

2. 钢筋混凝土挑檐

当挑出尺寸较大时，为了节约木材，可采用钢筋混凝土挑梁作为挑檐支承构件，如图 10 - 14（b）所示。

3. 钢筋混凝土檐口

当建筑立面要求有组织排水时，可采用钢筋混凝土预制或现浇檐口板，如图 10 - 14（c）、（d）所示。

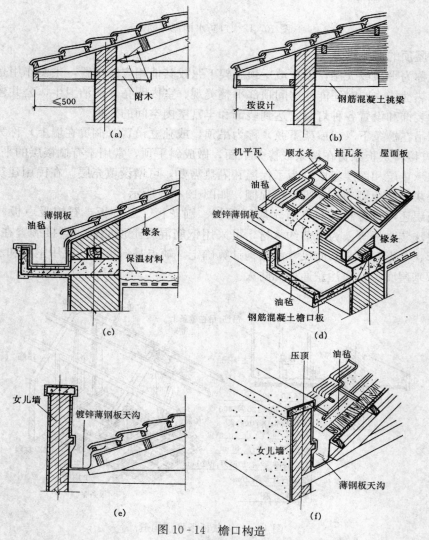

图 10 - 14　檐口构造

(a) 附木挑檐；(b) 钢筋混凝土挑檐；(c) 钢筋混凝土檐口；
(d) 钢筋混凝土檐口示意图；(e) 包檐；(f) 包檐示意图

4. 包檐

又称封檐，即女儿墙檐口。其构造是半墙砌至檐部以上，檐部以上的墙体称为压檐墙

（即女儿墙），主要用于立面造型，遮挡屋面，临街建筑较多采用此种檐口，女儿墙顶部设置钢筋混凝土压顶，防止砖块跌落伤人，屋面与女儿墙交接处设置薄钢板天沟或钢筋混凝土天沟，由水落管将雨水排至室外，如图 10 - 14（e）、（f）所示。

5. 山墙构造

坡屋顶山墙常做成悬山和硬山两种形式。

（1）悬山。将端部开间檩条等屋面构件全部挑出山墙 500～600mm，端部檩条钉封山板，下部一般做清水平顶，便于屋面通风。北方做灰板条斜平顶，如图 10 - 15（a）所示。

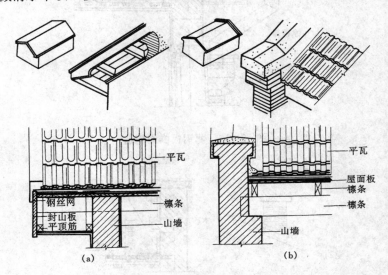

图 10 - 15　山墙檐口构造

(a) 悬山构造；(b) 硬山构造

（2）硬山。山墙砌平或高出 300～500mm，瓦与墙面交接处，用 1 : 1 : 6（水泥、纸筋、石灰砂浆捂牢，山墙上抹出压顶，如图 10 - 15（b）所示。

六、坡屋顶的排水与泛水

1. 坡室顶的排水

坡屋顶的排水分为无组织排水和有组织排水，有组织排水又分为内排水和外排水。

坡屋楔上的雨水直接顺挑出的檐口排至室外，称为无组织排水，如图 10 - 14（a）、（b）所示，这种排水方式构造简单、经济，但对于较高的建筑（3 层以上或 10m 以上），或临街建筑不允许自由排水，影响行人交通和底层窗台沾水，因而要采用有组织的排水，其方法是设置薄钢板檐沟，如图 10 - 16 所示；或设置钢筋混凝土檐沟，构造如图 10 - 14（c）、（d）所示。

所谓有组织内排水，一般在设置天沟时，从天沟在室内直接将水引入地下排水管网中去，民用建筑采用这种方式较少。

2. 坡屋顶的泛水

凡突出屋面的烟囱、排气管、老虎窗、屋面与女儿墙、屋面硬山墙面等与屋面交接处均须设置"泛水"（即防水的泛滥），构造如图 10 - 17 所示。

七、坡屋顶的保温、隔热和通风

1. 铺设保温或隔热层

在屋面基层上铺设保温、隔热层，方式是屋面板上铺设玻璃纤维棉作为保温、隔热层。在吊

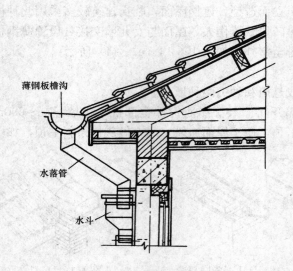

图 10-16　薄钢板檐沟构造

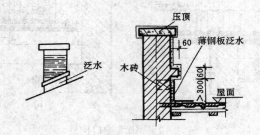

图 10-17　泛水构造

顶棚上铺设保温、隔热材料。在北方民居中，椽条上铺设一层芦苇柴泥，上面再铺设小青瓦。

2. 坡屋顶的通风构造

山墙设置通风百叶窗或砖砌花格（内衬铁丝网，以免鼠、雀、蛇、虫入内），如图 10-18所示。

檐口顶棚设清水板条或通风洞。

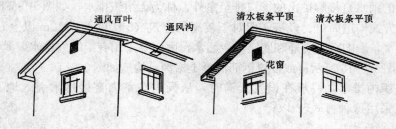

图 10-18　坡屋顶的通风构造

第三节　平屋顶的构造

屋顶的坡度小于 1∶10 的屋顶称为平屋顶，平屋顶的支承结构一般采用钢筋混凝土梁板，由于梁板布置比较灵活，构造也较简单，经济耐久，外形美观，所以目前一般民用建筑工程较多采用平屋顶。

一、平屋顶的类型与组成

平屋顶按用途，可分为上人屋面和不上人屋面。

特别是城市建筑，屋顶作成上人屋面，成为屋顶花园、屋顶游泳池、休息平台等，可以充分利用建筑空间，收到特殊的效果。

平屋顶的结构层一般为钢筋混凝土结构，其基本布置方式有：横向布置（见图 10-19）、纵向布置（见图 10-20）、混合布置。

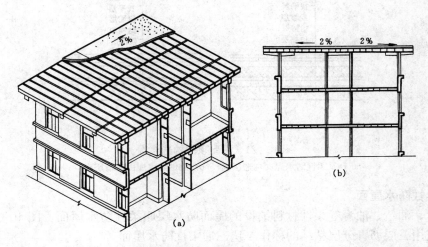

图 10-19　平屋顶结构层横向布置
(a) 示意层；(b) 剖面层

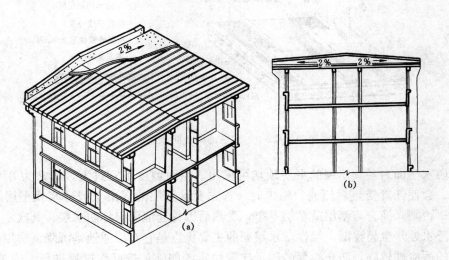

图 10-20　平屋顶结构层纵向布置
(a) 示意层；(b) 剖面层

平屋顶的基本组成除结构层之外，主要还有防水层、保护层等。在结构层上常设找平层，便于上面各层施工，结构层下面可设顶棚。

寒冷地区，为了防止热量的损耗，屋顶增设保温屋。炎热地区，为了防止太阳辐射，屋顶隔热层和通风措施，一般设置架空隔热板或设置通风层。

　　根据防水层作法不同，可分为柔性防水屋面和刚性防水屋面。

　　两种屋面的构造层次如图 10-21 所示。

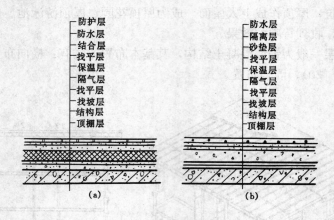

图 10-21　平屋顶的构造层次

(a) 柔性防水屋面构造层次；(b) 刚性防水屋面构造层次

二、柔性防水屋面

　　以沥青、油毡、油膏等柔性材料铺设的屋面防水层叫柔性防水屋面。图 10-22 所示的是二层油毡用三层沥青分层粘结的称作二毡三油柔性防水屋面。

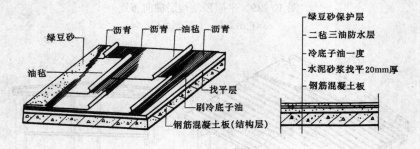

图 10-22　二毡三油柔性防水屋面

　　柔性防水屋面对各类房屋的平屋顶均可采用。屋面坡度不宜过大，通常为 2%～10%。坡度过大，会使沥青受热后流淌。施工时，首先要求基层的混凝土或砂浆找平层一定要平整、干燥；否则，沥青与基层就粘结不牢，受热后因易起泡而破坏防水层；其次，女儿墙等转折处（泛水处）也易渗漏。柔性防水屋面的主要优点是它对房屋地基沉降、房屋受振动或温度变化的适应性较好，防止渗漏的质量比较稳定，如施工按操作规程进行，通常 10 年左右不需要进行维修；缺点是施工繁杂、层次多，二毡三油的柔性防水屋面从水泥砂浆找平层开始到撒面层绿豆砂保护层即有八道工序之多，又要高温操作，还受气候影响。另外，若出现渗漏后维修，就比较麻烦。

　　柔性防水屋面若需上人，可在防水层上用热沥青或水泥砂浆铺贴 400mm×400mm×

25mm、300mm×300mm×25mm 混凝土块作为面层，或在上面现浇厚 30mm 的混凝土层，内加 $\phi4@200mm$ 钢筋网片，为防止开裂应设置分仓缝。

三、刚性防水屋面

以细石混凝土、防水砂浆等刚性材料作为屋面防水层的，叫刚性防水屋面。

为了防止刚性防水屋面因温度变化或房屋不均匀沉降而引起的开裂，须设置分仓缝（又称构造缝，一般以横墙轴线和屋脊缝分格），以防渗漏。

刚性防水屋面由于所用的防水材料（除分仓缝之外）没有伸缩性，为了减少裂缝的出现和浇捣方便，这种屋面适用于屋面平整、形状方正的屋面。同时，在使用上无较大振动的房屋和地基沉降比较均匀以及温度差较小的地区。如不属于上述情况又需要作时，则必须另外采取措施，如伸缩缝、沉降缝或表面另加防水层等。

刚性防水屋面的主要优点是造价比柔性防水屋面低，施工层次比柔性防水屋面少，由于刚性防水屋面较易发现裂缝，因此可以"见缝补缝"，检修较为方便。但刚性防水屋面渗漏问题，仍是难以处理的质量问题。

刚性防水屋面的做法一般有：

(1) 防水砂浆。是在砂浆中掺以 5% 的防水粉成为防水砂浆，直接抹在已找平的钢筋混凝土基层上。

(2) 细石混凝土。用 C20 级细石混凝土，浇灌面层，厚为 30～50mm，细石混凝土在干硬时收缩性大，易发生裂缝，应注意配合比和水灰比，加强振捣和养护。

(3) 钢筋混凝土。用 C20 级细石混凝土，厚为 30～50mm，配置 $\phi4@200～250$ 钢筋网片，这是采用较为普遍、效果较好的一种刚性防水屋面，如图 10-23 所示。

分仓缝的做法有下列几种，如图 10-24 所示。

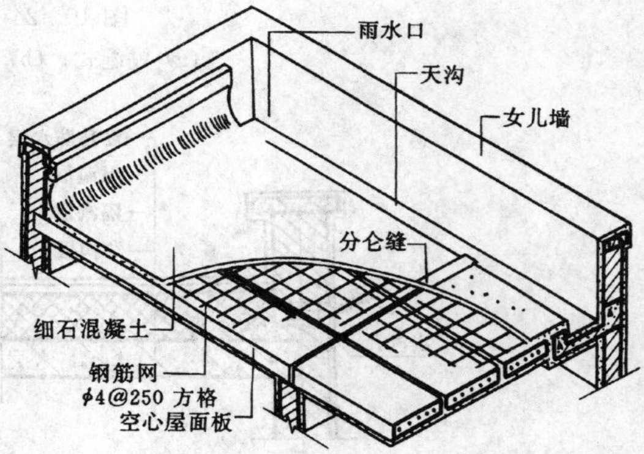

图 10-23 刚性防水屋面构造

四、平屋顶的保温与隔热

1. 保温层

保温层一般设置在结构层上，防水层下，或设置在顶棚与屋面的间隔内。保温材料应选表观密度小、保温效果好、具有一定的强度并能与结构层粘结、价格便宜、能就地取材、便于施工的材料。保温材料有泡沫混凝土、加气混凝土、膨胀珍珠岩、膨胀蛭石、玻璃纤维棉等。根据建筑保温的要求选用材料和厚度。如图 10-25 所示为结构层上设置保温层，应注意水蒸气的排除，防止因水汽而破坏屋面防水层。

2. 隔热层

南方为了防止太阳辐射，设置隔热通风层，以减少由于材料的热传导而引起室内温度升高，并要求迅速排除这部分热空气，因此组织隔热层的通风是降温的主要措施。常见的隔热层有两种，一种是屋面上设置架空隔热板，隔热板可采用 500mm×500mm×30mm 的钢筋混凝土平板，四角设砖礅（或设地陇墙），高 240mm，应注意组织板下的通风，构造如图 10-26 所示。

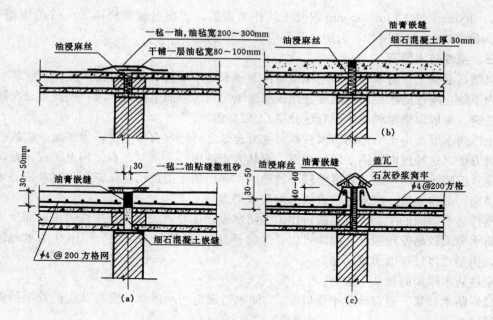

图 10 - 24　分仓缝构造

(a) 贴缝式；(b) 嵌缝式；(c) 盖瓦式

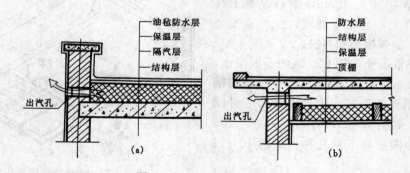

图 10 - 25　平屋顶的保温层

(a) 结构层上设保温层；(b) 结构层下设保温层

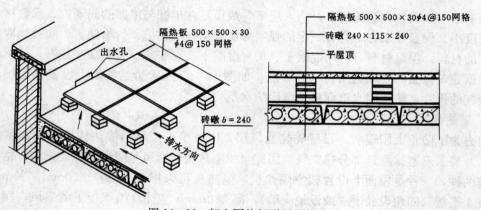

图 10 - 26　架空隔热板平屋顶构造

另一种方式是屋顶结构层下设置吊平顶，纵墙设置通风洞，组织平顶内空气对流降温，如图 10 - 27 所示。

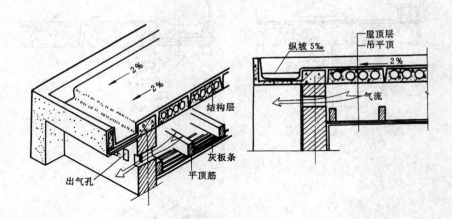

图 10 - 27　吊平顶通风层构造

五、平屋顶的排水和泛水

1. 平屋顶的排水

防止平屋顶渗漏的关键是迅速排除屋面上的雨水、雪水等。屋面排水方式有两种：一种是无组织排水，如图 10 - 28 所示；另一种是有组织排水，将屋面划分为若干排水区，使雨水沿一定方向和路线流至雨水口，并经水落管导至室外，如图 10 - 29 所示。屋面排水坡度平屋顶在 1 ： 10 以内，一般为 2% ～ 3%，天沟、檐沟的排水坡度约为 0.5%。排水坡度的设置方式有两种：一种是结构找坡，即结构层铺设屋面板时就形成坡度；另一种是用砂浆找出坡度或用保温层铺成规定坡度。

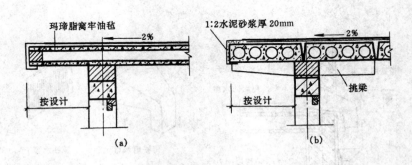

图 10 - 28　平屋顶无组织排水檐口构造
(a) 结构纵向布置；(b) 结构横向布置

2. 平屋顶的泛水

凡突出平屋顶的构件（如烟囱、排气管、女儿墙等）与屋面交接处均须做泛水，防雨水侵入。泛水处理方法很多，如图 10 - 30 所示。

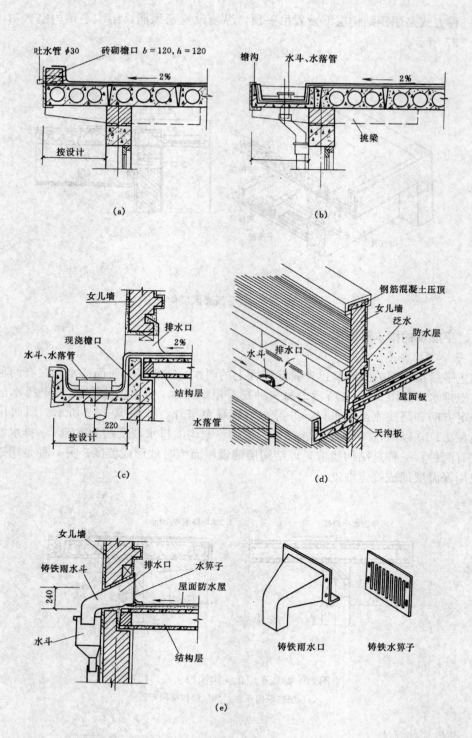

图 10 - 29 平屋顶有组织排水檐口构造

（a）吐水管排水；（b）檐沟排水；（c）女儿墙檐口板排水；

（d）女儿墙檐口排水示意；（e）女儿墙落水管外排水

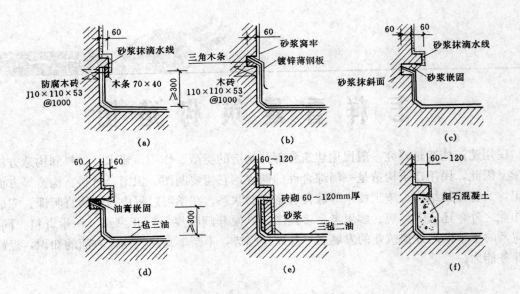

图 10-30　平屋顶泛水构造

(a) 木条压毡；(b) 薄钢板压毡；(c) 砂浆嵌固；(d) 油膏嵌固；
(e) 砌砖压毡；(f) 混凝土压毡

第十一章

怎样看建筑构造图

　　民用建筑构造是研究一般民用建筑各部分构造的类型、作用、要求、材料和构造方法的科学。因此，民用建筑构造是一门综合性的课程，它需要制图、识图、材料、构造等方面的知识，又与建筑结构、施工技术等课程有密切的联系。在学习过程中，除认真听课、完成课程作业之外，还应多参观、多思考、多画图，以便开阔眼界、打开思路、积累资料。同时，还应及时了解国内外建筑业的发展水平和发展趋势，不断丰富建筑构造方面的知识，提高专业业务能力。

第一节　民用建筑的分类

　　民用建筑是供人们工作、学习、生活、文化娱乐、居住等方面活动的建筑物。

一、按用途分

　　按用途分，民用建筑可分为居住建筑和公共建筑。

　　1. 居住建筑

　　居住建筑是供人们起居、学习、生活、休息的建筑，有住宅、集体宿舍、旅馆。除此之外，其他还有如公寓、招待所等，均属于居住建筑。

　　2. 公共建筑

　　凡供人们工作、学习，进行各种文化、娱乐活动，以及各种福利设施等方面的建筑，均为公共建筑。主要有办公楼、教学楼、影剧院、体育馆、医院、疗养院、商店、百货公司、食堂、餐厅，其他还有文化馆、图书馆、展览馆、纪念馆、车站、动物园、公园、托儿所、幼儿园等。

二、按结构类型分

　　按结构类型分，民用建筑可分为砖木结构、砖混结构、钢筋混凝土结构、钢结构等。

　　1. 砖木结构

　　砖木结构建筑的主要承重结构构件采用砖、木构件，如砖柱、砖墙、木楼板、木屋架等。砖木结构我国古代建筑和边远地区、林区较多采用，城市中较少采用。

　　2. 砖混结构

　　砖混结构建筑的主要承重结构构件由多种材料构成，一般由砖墙、砖柱、钢筋混凝土楼板、屋面板或木屋架屋顶等组成。目前，我国新建的建筑大多数属于此类建筑。

　　3. 钢筋混凝土结构

　　钢筋混凝土结构建筑的主要承重结构构件为钢筋混凝土制成，如钢筋混凝土柱、梁、板、屋面，砖或其他材料只作围护墙等。目前，国内多层或高层建筑大部分为此类结构。

4. 钢结构

钢结构建筑主要结构构件为钢材制成。不少高层建筑和大跨度的影剧院、体育馆等，采用此类结构。

第二节　民用建筑的构造及组成

一般的民用建筑由基础、墙或柱、楼、地层、楼梯、屋顶、门窗六大部分组成，图11-1所示的是一幢单身职工宿舍的剖切立体图，显示了一般民用建筑主要构件和配件。它们处在不同的部位，发挥各自的作用，组成完整的建筑。

（1）基础。基础是位于建筑物最下部分的承重构件，支承整个建筑物，并将荷载传给地基。

（2）墙或柱。墙或柱是建筑物的承重构件，它承受屋顶、楼板传下来的各种荷载，并连同自重一起传给基础。墙还作为围护构件，起着抵御自然界侵袭的作用，内墙起着分隔房间的作用。

（3）楼层和地面。楼层和地面是建筑中水平方向的承重构件。楼层主要作用是将建筑从

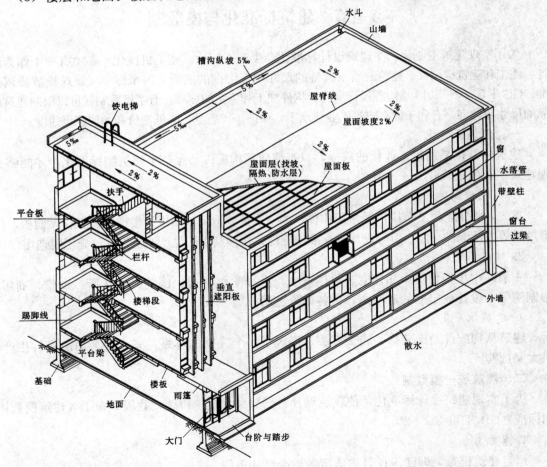

图 11-1　民用建筑的构造组成

高度方向分隔成若干层，楼层将楼面上的各种荷载传到墙上去。地面位于底层，将底层房间内的荷载直接传递到地基上去。

（4）楼梯。楼梯是楼层建筑的主要垂直交通设施，供人们上下楼层和紧急疏散之用。除楼梯之外，根据建筑功能的不同，还可设置电梯、坡道、自动楼梯等垂直交通设施。

（5）屋顶。屋顶是建筑物的最上部结构。屋顶由屋面层和结构层两部分构成，屋面层用以抵御自然界雨、雪及太阳辐射等对建筑的影响；结构层则承受着屋顶全部荷载，并将荷载传递给墙或柱。

（6）门窗。门主要是供人们内外交通联系和分隔房间之用；窗则是起着室内通风和采光的作用。门窗均属围护结构的组成部分。

建筑各部分均由许多结构构件和建筑配件组成。因此，除了解上述主要构造之外，还应了解各种构配件的名称、作用和构造方法，如梁、过梁、圈梁、挑梁、梯梁、板、梯板、平台板、散水、明沟、勒脚、踢脚线、墙裙、檐沟、大沟、女儿墙、水斗、水落管、阳台、雨篷、顶棚、花格、凹廊、烟囱、通风道、垃圾道、卫生间、盥洗室等。还可参观有关民用建筑的各部分构造，建立感性认识。

第三节　建筑标准化与模数制

为了实现建筑工业化，使建筑设计标准化、生产工厂化、施工机械化，必须有一个作为设计、施工和建筑构配件、建筑制品及设备的尺寸相互协调的法规。国家标准《建筑模数协调标准》GB/T 50002—2013 是协调设计尺寸、构件加工和施工的标准。有了模数制就可以限制建筑制品的尺寸和类型，有利于提高建筑工业化水平，保证工程质量，降低造价和加快建设速度。

一、建筑标准化

建筑标准化是建筑工业化的前提，只有使建筑构配件乃至整个建筑物标准化，才能够实现建筑工业的现代化。

1. 标准构配件

首先，将规定尺寸范围内的常用构件，如空心板、平板、槽板、楼梯梁、板、屋面板、门窗过梁等以及配件、门、窗等设计成标准构配件，在预制工厂生产，供设计、施工时选用。

2. 建筑标准设计

一般的中小型建筑，如住宅、集体宿舍、中小学教学楼、医院、托儿所、食堂、商店、影剧院等，设计成定型的通用图，供各单位选用。

3. 建筑体系化

建筑从构配件乃至装修、施工方法，形成了一个完整的体系，完全成为商品进行生产，供大家选购。

二、建筑统一模数制

为了实现建筑设计标准化，使建筑设计各部分尺寸统一协调，我国颁布了《建筑模数协调标准》GB/T 50002—2013。

1. 模数制

（1）建筑模数，即建筑设计中选定的标准尺寸单位。

（2）基本模数，模数尺寸中最基本的数值，用 M_0 表示。我国规定 $M_0 = 100\text{mm}$。

（3）扩大模数，基本模数的整倍数，如 $3M_0$、$6M_0$、$15M_0$、$30M_0$、$60M_0$。

（4）分模数。如 $\frac{1}{10}M_0$、$\frac{1}{5}M_0$、$\frac{1}{2}M_0$。

由基本模数、扩大模数、分模数构成一个完整的模数数列，分别用于建筑的各部尺寸。其中，$15M_0$、$30M_0$、$60M_0$ 的数列主要用于建筑物的跨度（进深）、柱距、层高及建筑构配件的尺寸；$1M_0$、$3M_0$、$6M_0$ 的数列主要用于构件截面、建筑制品、门窗洞口、构配件及建筑物的跨度（进深）、柱距（开间）、层高的尺寸。$\frac{1}{10}M_0$、$\frac{1}{5}M_0$、$\frac{1}{2}M_0$ 的数列主要用于缝隙、构造节点、构配件截面及建筑制品的尺寸。

2. 尺寸间的相互关系

为了保证设计、生产、施工各阶段制品、构配件等有关尺寸间的协调和统一，规定了标志尺寸、构造尺寸、实际尺寸及其相互间的关系，如图 11-2 所示。

设计标志尺寸，如开间 3000；构造尺寸，如板长 2980（设计尺寸－缝隙＝构造尺寸）；生产实际尺寸，构造尺寸±允许误差值，若超过误差的构件就视为废品。

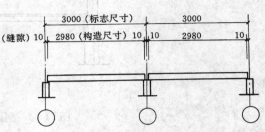

图 11-2 尺寸间的相互关系

3. 定位轴线

定位轴线就是确定建筑物结构或构件的位置及标志尺寸的基线，即称为轴线，一般在墙的中心，也有偏心的定位轴线。

（1）平面轴线。开间、进深以 $3M_0$ 为扩大模数，即采用…1500、1800、2100、2400、2700、3000、3300、3600、3900、4200、4500、4800、5100、5400、5700、6000、…。

轴线编号：横向定位轴线①、②、③、④、…。
纵向定位轴线 A、B、C、D、…。

其中，I、O、Z 三个字母容易同 1、0、2 混淆，故不使用。

分轴线 1/1、2/1、1/A、2/A。

平面轴线如图 11-3 所示。

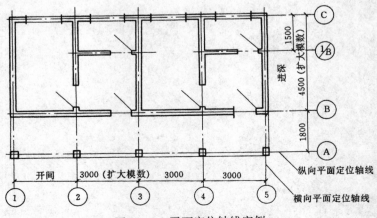

图 11-3 平面定位轴线实例

（2）剖面定位轴线。一般在墙的中心线，当上下墙厚度不一致时，外墙平，则轴线在最上部墙中心。如图 11 - 4 所示。剖面层高以 $1M_0$ 进级，即层高采用…2800、2900、3000、3100、3200、…（单位：mm）。

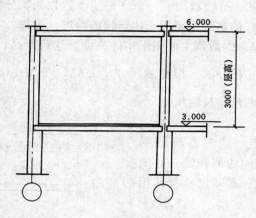

图 11 - 4　剖面定位轴线实例

《总图制图标准》GB/T 50103—2010（节录）

3.2 总 平 面

3.2.1 总平面图例应符合表 3.2.1 的规定。

表 3.2.1   总 平 面 图 例

序号	名称	图 例	备 注
1	新建建筑物	$\frac{X}{Y}$ ① 12F/2D $H=59.00\text{m}$	1. 新建建筑物以粗实线表示与室外地坪相接处±0.000外墙定位轮廓线 2. 建筑物一般以±0.000 高度处的外墙定位轴线交叉点坐标定位；轴线用细实线表示，并标明轴线号 3. 根据不同设计阶段标注建筑编号，地上、地下层数，建筑高度，建筑出入口位置（两种表示方法均可，但同一图纸应采用一种表示方法） 4. 地下建筑物以粗虚线表示其轮廓 5. 建筑上部（±0.000 以上）外挑建筑用细实线表示 6. 建筑物上部连廊用细虚线表示并标注位置
2	原有建筑物		用细实线表示
3	计划扩建的预留地或建筑物		用中粗虚线表示
4	拆除的建筑物		用细实线表示
5	建筑物下面的通道		—
6	散状材料露天堆场		需要时可注明材料名称
7	其他材料露天堆场或露天作业场		需要时可注明材料名称

序号	名称	图 例	备 注
8	铺砌场地	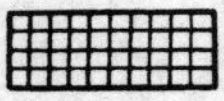	—
9	敞棚或敞廊		—
10	高架式料仓	 	
11	漏斗式贮仓		左、右图为底卸式 中图为侧卸式
12	冷却塔（池）	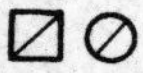	应注明冷却塔或冷却池
13	水塔、贮罐		左图为卧式贮罐 右图为水塔或立式贮罐
14	水池、坑槽		也可以不涂黑
15	明溜矿槽（井）	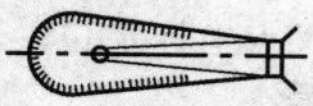	—
16	斜井或平硐	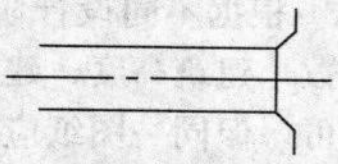	—
17	烟囱	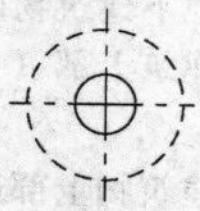	实线为烟囱下部直径，虚线为基础，必要时可注写烟囱高度和上、下口直径
18	围墙及大门	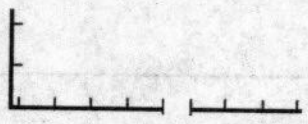	—
19	挡土墙	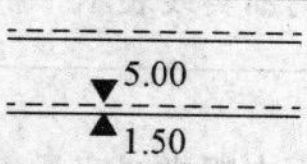 ▼5.00 1.50	挡土墙根据不同设计阶段的需要标注墙顶标高 墙底标高
20	挡土墙上设围墙		—
21	台阶及无障碍坡道	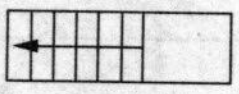 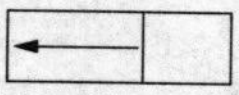	1. 上图表示台阶（级数仅为示意） 2. 下图表示无障碍坡道
22	露天桥式起重机	 $Gn=$ (t)	1. 起重机起重量 Gn，以吨计算 2. "＋"为柱子位置
23	露天电动葫芦	 $Gn=$ (t)	1. 起重机起重量 Cn，以吨计算 2. "＋"为支架位置

序号	名称	图例	备注
24	门式起重机	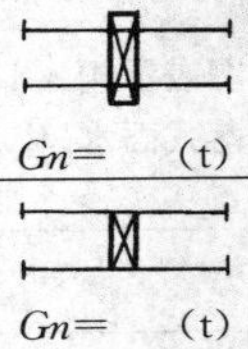 $Gn=$ （t） $Gn=$ （t）	1. 起重机起重量 Cn，以吨计算 2. 上图表示有外伸臂，下图表示无外伸臂
25	架空索道		"I"为支架位置
26	斜坡卷扬机道		—
27	斜坡栈桥（皮带廊等）	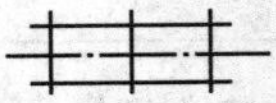	细实线表示支架中心线位置
28	坐标	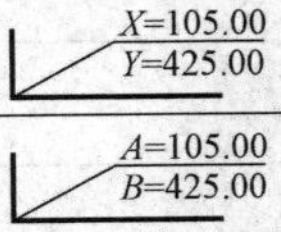 $X=105.00$ $Y=425.00$ $A=105.00$ $B=425.00$	1. 上图表示地形测量坐标系 2. 下图表示自设坐标系 坐标数字平行于建筑标注
29	方格网交叉点标高	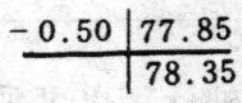 -0.50 | $\dfrac{77.85}{78.35}$	图示中，"78.35"为原地面标高 "77.85"为设计标高 "−0.50"为施工高度 "—"表示挖方（"+"表示填方）
30	填方区、挖方区、未整平区及零点线	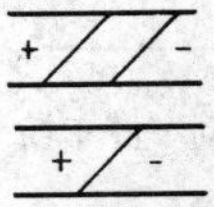 + / − + / −	"+"表示填方一区 "—"表示挖方区 中间为未整平区 点划线为零点线
31	填挖边坡		—
32	分水脊线与谷线		上图表示脊线 下图表示谷线
33	洪水淹没线	 – – – – –	洪水最高水位以文字标注
34	地表排水方向		—
35	截水沟	 40.00	图示中"1"表示 1‰ 的沟底纵向坡度，"40.00"表示变坡点间距离，箭头表示水流方向
36	排水明沟	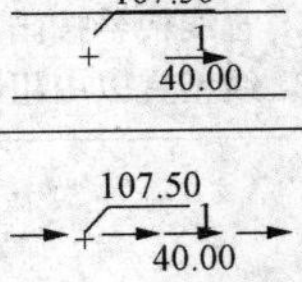 107.50 $\dfrac{1}{40.00}$ 107.50 $\dfrac{}{40.00}$	1. 上图用于比例较大的图面，下图用于比例较小的图面 2. 图示中"1"表示 1‰ 的沟底纵向坡度，"40.00"表示变坡点间距离，箭头表示水流方向，"107.50"表示沟底变坡点标高（变坡点在"+"表示）
37	有盖饭的排水沟	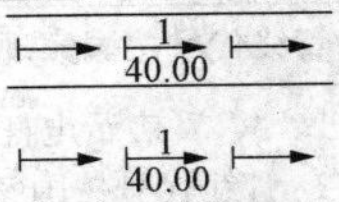 $\dfrac{1}{40.00}$ $\dfrac{1}{40.00}$	—

序号	名称	图 例	备 注
38	雨水口	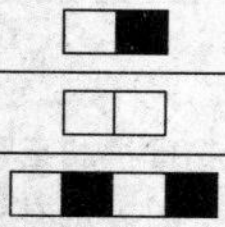	上图表示雨水口,中图表示原有雨水口,下图表示双落式雨水口
39	消火栓井		—
40	急流槽		箭头表示水流方向
41	跌水		—
42	拦水 (闸)坝	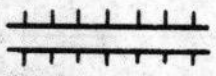	—
43	透水路堤	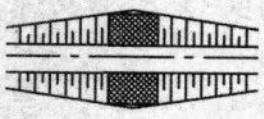	边坡较长时,可在一端或两端局部表示
44	过水路面	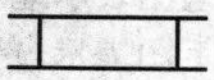	—
45	室内 地坪标高	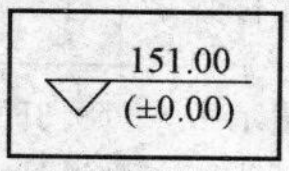 151.00 (±0.00)	数字平行于建筑物书写
46	室外 地坪标高	 ▼143.00	室外标高也可采用等高线
47	盲道		—
48	地下车库 入口	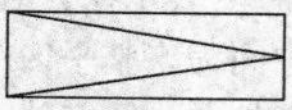	机动车停车场
49	地面露天 停车场	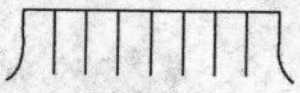	—
50	露天机械 停车场	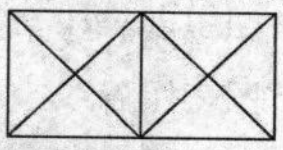	露天机械停车场

3.3 管　　线

3.3.1 管线图例应符合表 3.3.1 的规定。

表 3.3.1　　　　　　　　管 线 图 例

序号	名称	图 例	备 注
1	管线	——代号——	1. 管线代号按国家现行有关标准的规定标注 2. 线型宜以中粗线表示
2	地沟管线	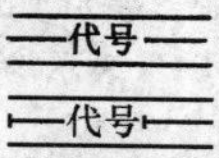 ≡代号≡ ≡代号≡	—
3	管桥管线	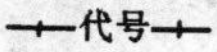 —┼代号┼—	管线代号按国家现行有关标准的规定标注
4	架空电力、 电信线	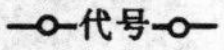 —o—代号—o—	1. "○"表示电杆 2. 管线代号按国家现行有关标准的规定标注

3.4 园 林 景 观 绿 化

3.4.1 园林景观绿化图例应符合表 3.4.1 的规定。

表 3.4.1 园林景观绿化图例

序号	名称	图 例	备 注
1	常绿针叶乔木		—
2	落叶针叶乔木		—
3	常绿阔叶乔木		—
4	落叶阔叶乔木		—
5	常绿阔叶灌木		—
6	落叶阔叶灌木		—
7	落叶阔叶乔木林		—
8	常绿阔叶乔木林		—
9	常绿针叶乔木林		—
10	落叶针叶乔木林		—
11	针阔混交林		—
12	落叶灌木林		—
13	整形绿篱		—

序号	名称	图 例	备 注
14	草坪	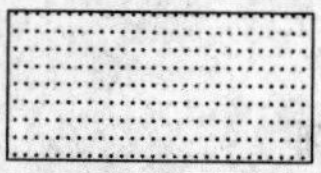 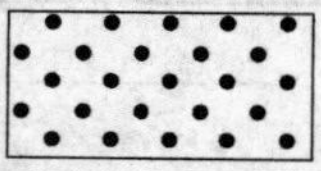 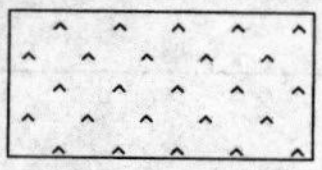	上图表示草坪，中图表示自然草坪，下图表示人工草坪
15	花卉	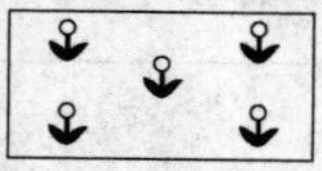	—
16	花丛	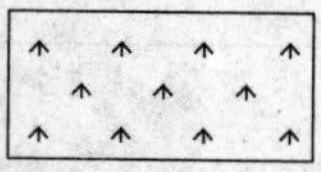 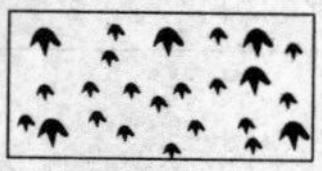	
17	棕榈植物		
18	水生植物	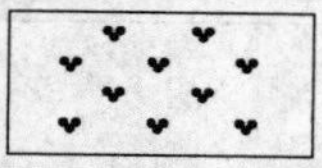	
19	植草砖	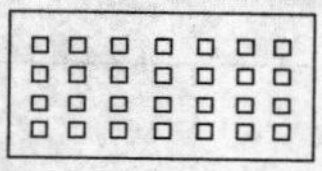	
20	土石假山		包括"土包石""石抱土"及假山
21	独立景石	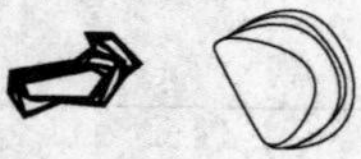	—
22	自然水体	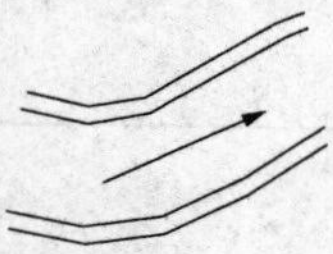	箭头表示水流方向
23	人工水体	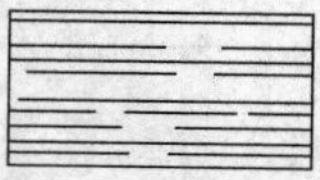	—
24	喷泉		

3.5 水平及垂直运输装置

3.5.1 水平及垂直运输装置图例应符合表 3.5.1 的规定。

表 3.5.1　　　　　　　　　　　水平及垂直运输装置图例

序号	名称	图例	备注
1	铁路		适于标准轨及窄轨铁路，使用时应注明轨距
2	起重机轨道		—
3	手、电动葫芦	$Gn=(t)$	
4	梁式悬挂起重机	(a) (b) $Gn=$ (t) $S=$ (m)	1. 图（a）表示立面（或剖切面），图（b）表示平面 2. 手动或电动由设计注明 3. 需要时，可注明起重机的名称、行驶的轴线范围及工作级别 4. 有无操纵室，应按实际情况绘制 5. 本图例的符号说明： Gn—起重机起重量，以吨（t）计算 S—起重机的跨度或臂长，以米（m）计算
5	多支点悬挂起重机	$Gn=$ (t) $S=$ (m)	
6	梁式起重机	$Gn=$ (t) $S=$ (m)	
7	桥式起重机	(a) (b) $Gn=$ (t) $S=$ (m)	1. 图（a）表示立面（或剖切面），图（b）表示平面 2. 有无操纵室，应按实际情况绘制 3. 需要时，可注明起重机的名称、行驶的轴线范围及工作级别 4. 本图例的符号说明： Gn—起重机起重量，以吨（t）计算 S—起重机的跨度或臂长，以米（m）计算
8	龙门式起重机	$Gn=$ (t) $S=$ (m)	

序号	名称	图 例	备 注
9	壁柱式重机	Gn= (t) S= (m)	
10	壁行起重机	(a) (b) Gn= (t) S= (m)	1. 图（a）表示立面（或剖切面），图（b）表示平面 2. 需要时，可注明起重机的名称、行驶的轴线范围及工作级别 3. 本图例的符号说明： Gn—起重机起重量，以吨（t）计算 S—起重机的跨度或臂长，以米（m）计算
11	定柱式起重机	Gn= (t) S= (m)	
12	传送带		传送带的形式多种多样，项目设计图均按实际情况绘制，本图例仅为代表
13	电梯		1. 电梯应注明类型，并按实际绘出门和平衡锤或导轨的位置 2. 其他类型电梯应参照本图例按实际情况绘制
14	杂物梯、食梯		
15	自动扶梯	下 上 上	箭头方向为设计运行方向

序号	名称	图 例	备 注
16	自动人行道		箭头方向为设计运行方向
17	自动人行坡道	上	

4 图 样 画 法

4.1 平 面 图

4.1.1 平面图的方向宜与总图方向一致，平面图的长边宜与横式幅面图纸的长边一致。

4.1.2 在同一张图纸上绘制多于一层的平面图时，各层平面图宜按层数由低向高的顺序从左至右或从下至上布局。

4.1.3 除顶棚平面图外，各种平面图应按正投影法绘制。

4.1.4 建筑物平面图应在建筑物的门窗洞口处水平剖切俯视，屋顶平面图应在屋面以上俯视；图内应包括剖切面及投影方向可见的建筑构造以及必要的尺寸、标高等；表示高窗、洞口、通气孔、槽、地沟及起重机等不可见部分，应用虚线绘制。

4.1.5 建筑物平面图应注写房间的名称或编号；编号应注写在直径为 6mm 细实线绘制的圆圈内，并应在同张图纸上列出房间名称表。

4.1.6 平面较大的建筑物，可分区绘制平面图，但每张平面图均应绘制组合示意图，各区应分别用大写拉丁字母编号；在组合示意图中需提示的分区，应采用阴影线或填充的方式表示。

4.1.7 顶棚平面图宜采用镜像投影法绘制。

4.1.8 室内立面图的内视符号（图 4.1.8-1）应注明在平面图上的视点位置、方向及

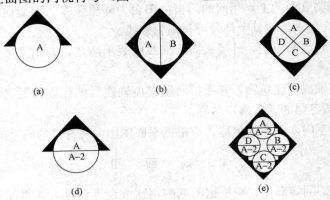

图 4.1.8-1 内视符号

(a) 单面内视符号；(b) 双面内视符号；(c) 四面内视符号；

(d) 带索引的单面内视符号；(e) 带索引的四面内视符号

立面编号（图4.1.8-2、图4.1.8-3）；符号中的圆圈应用细实线绘制；根据图面比例，圆圈直径可在8～12mm中选择；立面编号宜用拉丁字母或阿拉伯数字。

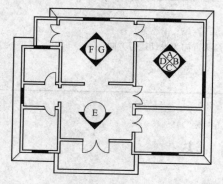 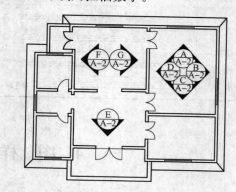

图4.1.8-2　平面图上内视符号应用示例　　图4.1.8-3　平面图上内视符号（带索引）应用示例

4.2　立　面　图

4.2.1　各种立面图应按正投影法绘制。

4.2.2　建筑立面图应包括投影方向可见的建筑外轮廓线和墙面线脚、构配件、墙面做法及必要的尺寸、标高等。

4.2.3　室内立面图应包括投影方向可见的室内轮廓线和装修构造、门窗、构配件、墙面做法、固定家具、灯具、必要的尺寸和标高及需要标明的非固定家具、灯具、装饰物件等；室内立面图的顶棚轮廓线，可根据具体情况只标明吊平顶或同时标明吊平顶及结构顶棚。

4.2.4　平面形状曲折的建筑物，可绘制展开立面图、展开室内立面图；圆形或多边形平面的建筑物，可分段展开绘制立面图、室内立面图，但均应在图名后加注"展开"二字。

4.2.5　较简单的对称式建筑物或对称的构配件等，在不影响构造处理和施工的情况下，立面图可绘制一半，并在对称轴线处画对称符号。

4.2.6　在建筑物立面图上，相同的门窗、阳台、外檐装修、构造做法等可在局部重点表示，并应绘出其完整图形，其余部分可只画轮廓线。

4.2.7　在建筑物立面图上，外墙表面分格线应表示清楚，并用文字说明各部位所用面材及色彩。

4.2.8　有定位轴线的建筑物，宜根据两端定位轴线号编注立面图名称；无定位轴线的建筑物，可按平面图各面的朝向确定名称。

4.2.9　建筑物室内立面图的名称，应根据平面图中内视符号的编号或字母确定。

4.3　剖　面　图

4.3.1　剖面图的剖切部位，应根据图纸的用途或设计深度，在平面图上选择能反映全貌、构造特征以及有代表性的部位剖切。

4.3.2　各种剖面图应按正投影法绘制。

4.3.3　建筑剖面图内应包括剖切面和投影方向可见的建筑构造、构配件以及必要的尺寸、标高等。

4.3.4 剖切符号可用阿拉伯数字、罗马数字或拉丁字母编号（图4.3.4-1）。

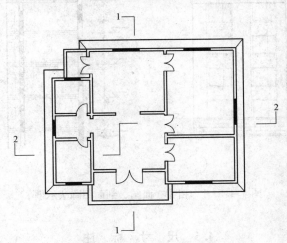

图 4.3.4-1 剖切符号画法示例

4.3.5 画室内立面图时，相应部位的墙体、楼地面的剖切面宜绘出；必要时，占空间较大的设备管线、灯具等的剖切面，应在图纸上绘出。

4.4 其 他 规 定

4.4.1 指北针应绘制在建筑物±0.000标高的平面图上，并应放在明显位置，所指的方向应与总图一致。

4.4.2 零配件详图与构造详图，宜按直接正投影法绘制。

4.4.3 零配件外形或局部构造的立体图，宜按《房屋建筑制图统一标准》（GB/T 50001）的有关规定绘制。

4.4.4 不同比例的平面图、剖面图，其抹灰层、楼地面、材料图例的省略画法，应符合下列规定。

（1）比例大于1∶50的平面图、剖面图，应画出抹灰层、保温隔热层等与楼地面、屋面的面层线，并宜画出材料图例。

（2）比例等于1∶50的平面图、剖面图，剖面图宜画出楼地面、屋面的面层线，宜绘出保温隔热层，抹灰层的面层线应根据需要确定。

（3）比例小于1∶50的平面图、剖面图，可不画出抹灰层，但剖面图宜画出楼地面、屋面的面层线。

（4）比例为1∶100～1∶200的平面图、剖面图，可画简化的材料图例，但剖面图宜画出楼地面、屋面的面层线。

（5）比例小于1∶200的平面图、剖面图，可不画材料图例，剖面图的楼地面、屋面的面层线可不画出。

4.4.5 相邻的立面图或剖面图，宜绘制在同一水平线上。图内相关的尺寸及标高，宜标注在同一竖线上（图4.4.5-1）。

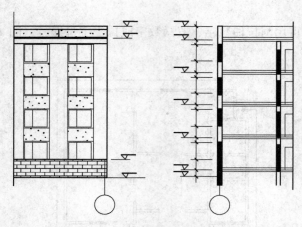

图 4.4.5-1　相邻立面图、剖面图画法示例

4.5　尺　寸　标　注

4.5.1　尺寸分为总尺寸、定位尺寸和细部尺寸。绘图时，应根据设计深度和图纸用途确定所需注写的尺寸。

4.5.2　建筑物平面图、立面图、剖面图，宜标注室内外地坪、楼地面、地下层地面、阳台、平台、檐口、屋脊、女儿墙、雨棚、门、窗、台阶等处的标高；平屋面等不易标明建筑标高的部位，可标注结构标高，并加以说明；结构找坡的平屋面，屋面标高可标注在结构板面最低点，并注明找坡坡度；有屋架的屋面，应标注屋架下弦搁置点或柱顶标高；有起重机的厂房剖面图，应标注轨顶标高、屋架下弦杆件下边缘或屋面梁底、板底标高；梁式悬挂起重机应标出轨距尺寸，并应以米（m）计。

4.5.3　楼地面、地下层地面、阳台、平台、檐口、屋脊、女儿墙、台阶等处的高度尺寸及标高，应按下列规定注写。

（1）平面图及其详图应注写完成面标高。

（2）立面图、剖面图及其详图应注写完成面标高及高度方向的尺寸。

（3）其余部分应注写毛面尺寸及标高。

（4）标注建筑平面图各部位的定位尺寸时，应注写与其最邻近的轴线间的尺寸；标注建筑剖面各部位的定位尺寸时，应注写其所在层次内的尺寸。

（5）设计图中连续重复的构配件等，当不易标明定位尺寸时，可在总尺寸的控制下，不用数值而用"均分"或"EQ"字样表示定位尺寸（图 4.5.3-1）。

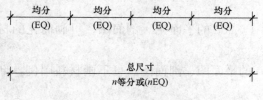

图 4.5.3-1　定位尺寸示例

《建筑制图标准》GB/T 50104—2010（节录）

2 一 般 规 定

2.1 图 线

2.1.1 图线的宽度 b，应根据图样的复杂程度和比例，按《房屋建筑制图统一标准》（GB/T 50001—2001）中（图线）的规定选用（图 2.1.1-1～图 2.1.1-3）。绘制较简单的图样时，可采用两种线宽的线宽组，其线宽比宜为 $b:0.25b$。

2.1.2 建筑专业、室内设计专业制图采用的各种图线，应符合表 2.1.1 的规定。

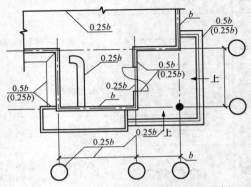

图 2.1.1-1 平面图图线宽度选用示例

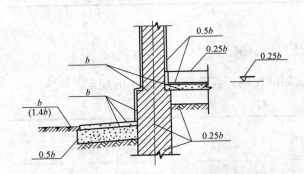

图 2.1.1-2 墙身剖面图图线宽度选用示例

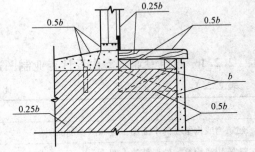

图 2.1.1-3 详图图线宽度选用示例

表 2.1.1　　　　　　　　　　图 线

名称	线 型	线宽	用 途
粗实线	——	b	1. 平面图、剖面图中被剖切的主要建筑构造（包括构配件）的轮廓线 2. 建筑立面图或室内立面图的外轮廓线 3. 建筑构造详图中被剖切的主要部分轮廓线 4. 建筑构配件详图中的外轮廓线 5. 建筑平、立、剖面图的剖切符号

名称	线　　型	线宽	用　　　途
中实线	——————	0.5b	1. 平、剖面图中被剖切的次要建筑构造（包括构配件）轮廓线 2. 建筑平、立、剖面图中建筑构配件的轮廓线 3. 建筑构造详图及建筑构配件详图中的一般轮廓线
细实线	——————	0.25b	小于 0.5b 的图形线、尺寸线、尺寸界线、图例线、索引符号、标高符号、详图材料做法引出线等
中虚线	— — — — —	0.5b	1. 建筑构造详图及建筑构配件不可见的轮廓线 2. 平面图中的起重机（吊车）轮廓线 3. 拟扩建的建筑物轮廓线
细虚线	— — — — —	0.25b	图例线、小于 0.5b 的不可见轮廓线
粗单点长画线	—— · —— · ——	b	起重机（吊车）轨道线
细单点长画线	— · — · — · —	0.25b	中心线、对称线、定位轴线
折断线	——/\——	0.25b	不需画全的断开界线
波浪线	～～～～～	0.25b	不需画全的断开界线 构造层次的断开界线

注　地平线的线宽可用 1.4b。

2.2　比　　例

2.2.1　建筑专业、室内设计专业制图选用的比例，宜符合表 2.2.1 的规定。

表 2.2.1　　　　　　　　　　比　　　　例

图　　名	比　　　　例
建筑物或构筑物的平面图、立面图、剖面图	1：50、1：100、1：150、1：200、1：300
建筑物或构筑物的局部放大图	1：10、1：20、1：25、1：30、1：50
配件及构造详图	1：1、1：2、1：5、1：10、1：15、1：20、1：25、1：30、1：50

3　图　　例

3.1　构　造　及　配　件

3.1.1　构造及配件图例应符合表 3.1.1 的规定。

表 3.1.1

构 造 及 配 件 图 例

序号	名 称	图 例	说 明
1	墙体	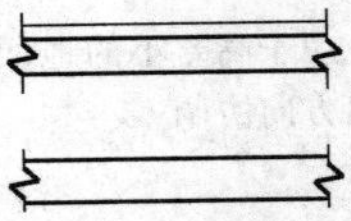	1. 上图为外墙，下图为内墙 2. 外墙细线表示有保温层或有幕墙 3. 应加注文字或涂色、图案填充表示各种材料的墙体 4. 在各层平面图中防火墙宜着重以特殊图案填充表示
2	隔断	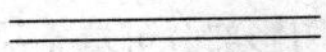	1. 应加注文字或涂色、图案填充表示各种材料的轻质隔断 2. 适于到顶与不到顶隔断
3	玻璃幕墙		幕墙龙骨是否表示由项目设计决定
4	栏杆		—
5	楼梯	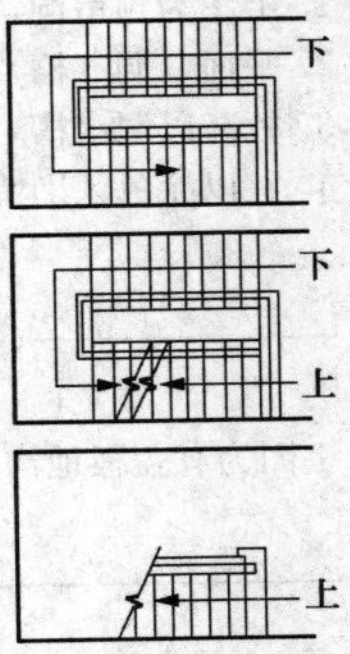	1. 上图为顶层楼梯平面，中图为中间层楼梯平面，下图为底层楼梯平面 2. 需设置靠墙扶手或中间扶手时，应在图中表示
6	坡道	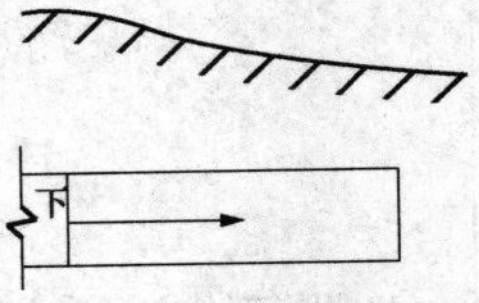	长坡道
		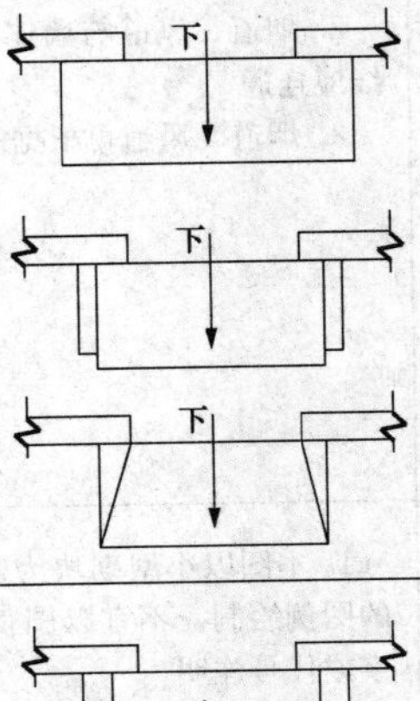	上图为两侧垂直的门口坡道，中图为有挡墙的门口坡道，下图为两侧找坡的门口坡道
7	台阶	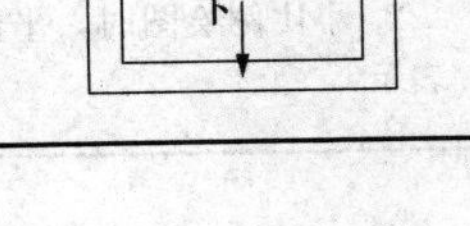	—

序号	名 称	图 例	说 明
8	平面高差	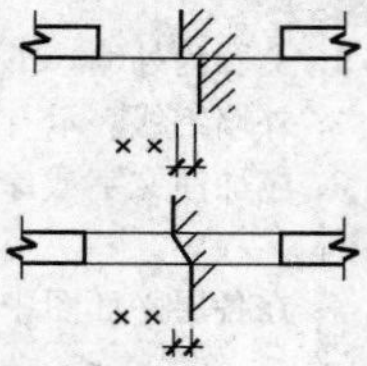	用于高差小的地面或楼面交接处，并应与门的开启方向协调
9	检查口		左图为可见检查口，右图为不可见检查口
10	孔洞		阴影部分可填充灰度或涂色代替
11	坑槽		—
12	墙预留洞、槽	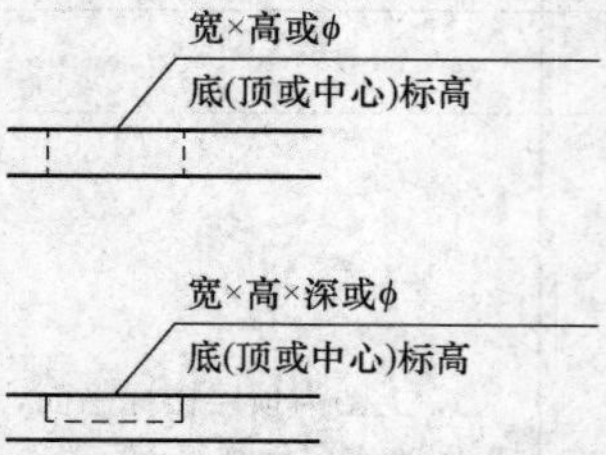 宽×高或φ 底(顶或中心)标高 宽×高×深或φ 底(顶或中心)标高	1. 上图为预留洞，下图为预留槽 2. 平面以洞（槽）中心定位 3. 标高以洞（槽）底或中心定位 4. 宜以涂色区别墙体和预留洞（槽）
13	地沟		上图为有盖板地沟，下图为无盖板明沟
14	烟道	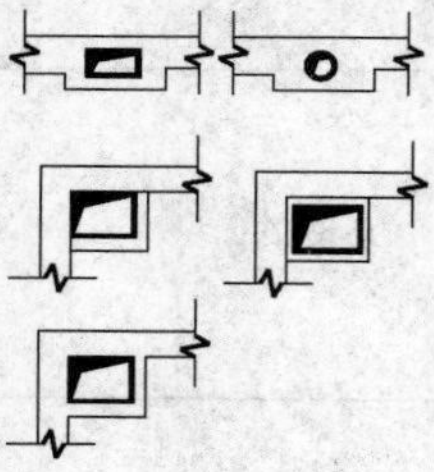	1. 阴影部分亦可填充灰度或涂色代替 2. 烟道、风道与墙体为相同材料，其相接处墙身线应连通 3. 烟道、风道可根据需要增加不同材料的内衬
15	风道	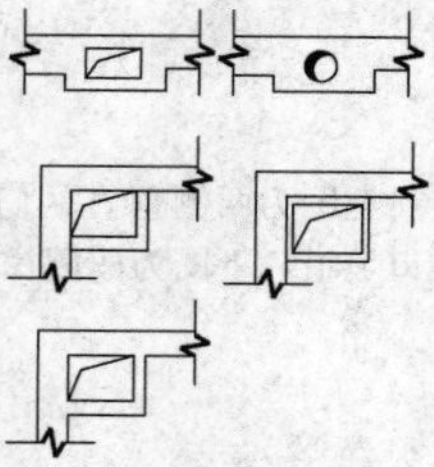	
16	新建的墙和窗	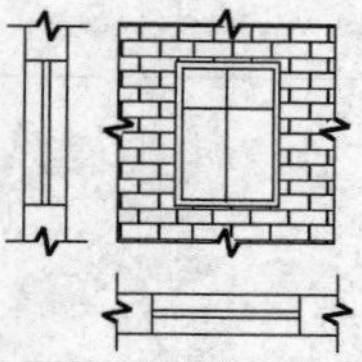	1. 本图以小型砌块为图例，绘图时应按所用材料的图例绘制。不宜以图例绘制的，可在墙面上以文字或代号注明 2. 小比例绘图时，平面、剖面窗线可用单粗实线表示

序号	名 称	图 例	说 明
17	改建时保留的原有墙和窗	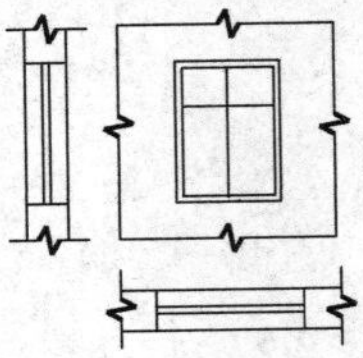	只更换窗，应加粗窗的轮廓线
18	拆除的墙	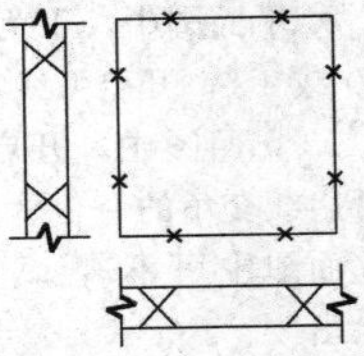	—
19	改建时在原有墙或楼板新开的洞	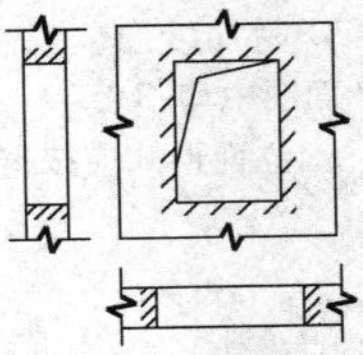	—
20	在原有洞旁扩大的洞	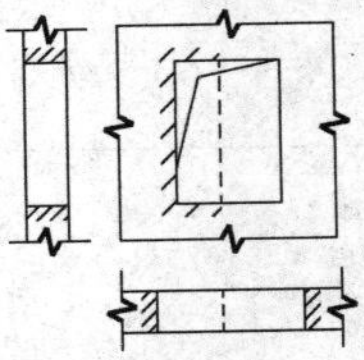	图示为洞口向左边扩大
21	在原有墙或楼板上全部填塞的洞	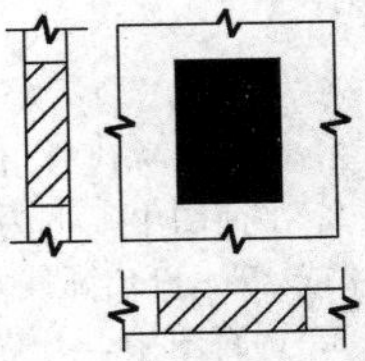	全部填塞的洞 图示中立面填充灰度或涂色
22	在原有墙或楼板上局部填塞的洞	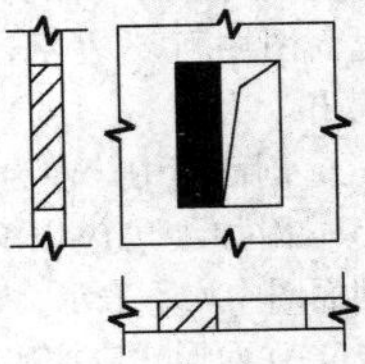	左侧为局部填塞的洞 图示中立面填充灰度或涂色
23	空门洞	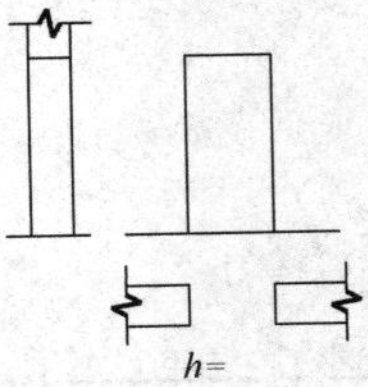 $h=$	h 为门洞高度

序号	名 称	图 例	说 明
24	单面开启单扇门（包括平开或单面弹簧）	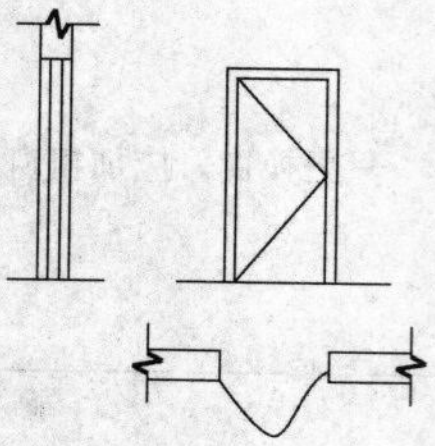	1. 门的名称代号用M表示 2. 平面图中，下为外、上为内，门开启线为90°、60°或45°，开启弧线宜绘出 3. 立面图中，开启线实线为外开、虚线为内开；开启线交角的一侧为安装合页一侧；开启线在建筑立面图中可不表示，在立面大样图中可根据需要绘出 4. 剖面图中，左为外、右为内 5. 附加纱扇应以文字说明，在平面图、立面图、剖面图中均不表示 6. 立面形式应按实际情况绘制
	双面开启单扇门（包括双面平开或双面弹簧）	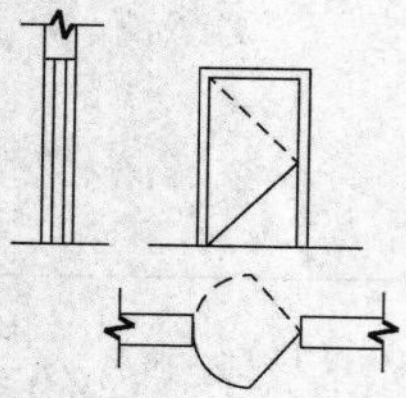	
	双层单扇平开门	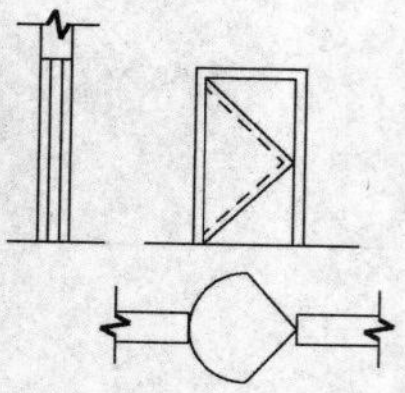	
25	单面开启双扇门（包括平开或单面弹簧）	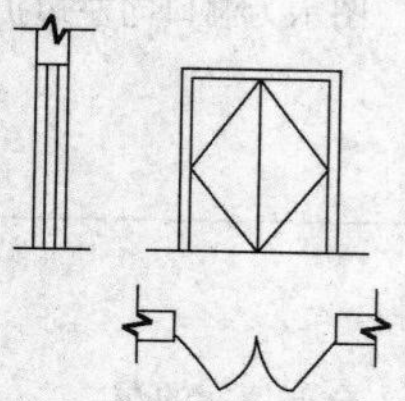	1. 门的名称代号用M表示 2. 平面图中，下为外、上为内，门开启线为90°、60°或45°，开启弧线宜绘出 3. 立面图中，开启线实线为外开、虚线为内开；开启线交角的一侧为安装合页一侧；开启线在建筑立面图中可不表示，在立面大样图中可根据需要绘出 4. 剖面图中，左为外、右为内 5. 附加纱扇应以文字说明，在平面图、立面图、剖面图中均不表示 6. 立面形式应按实际情况绘制
	双面开启双扇门（包括双面平开或双面弹簧）	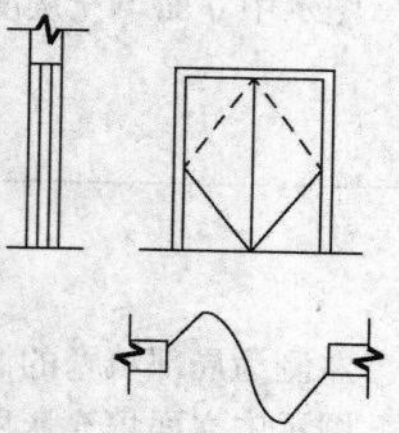	
	双层双扇平开门	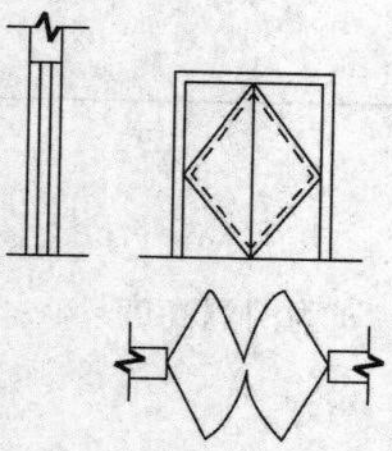	

序号	名　称	图　例	说　明
26	折叠门	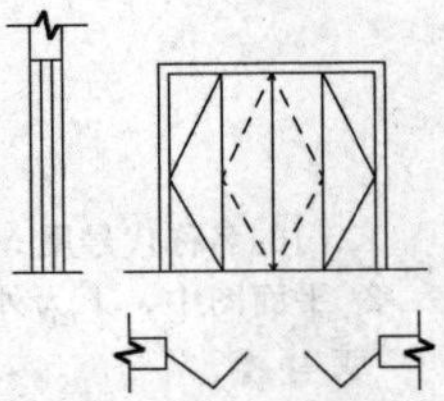	1. 门的名称代号用 M 表示 2. 平面图中，下为外、上为内 3. 立面图中，开启线实线为外开、虚线为内开；开启线交角的一侧为安装合页一侧 4. 剖面图中，左为外、右为内 5. 立面形式应按实际情况绘制
	推拉折叠门	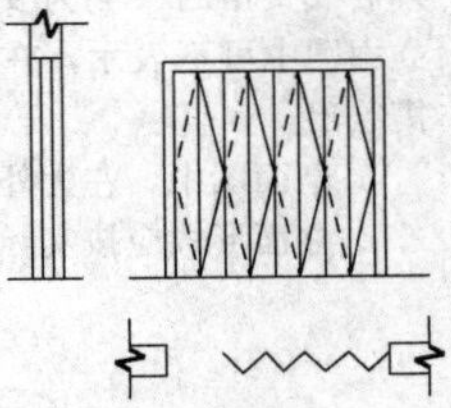	
27	墙洞外单扇推拉门	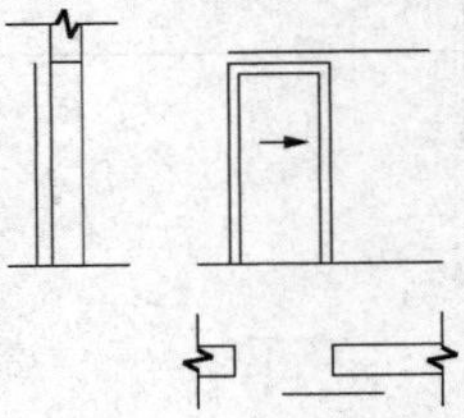	1. 门的名称代号用 M 表示 2. 平面图中，下为外、上为内 3. 剖面图中，左为外、右为内 4. 立面形式应按实际情况绘制
	墙洞外双扇推拉门	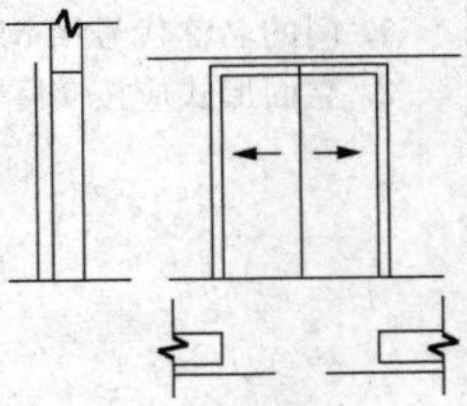	
	墙中单扇推拉门	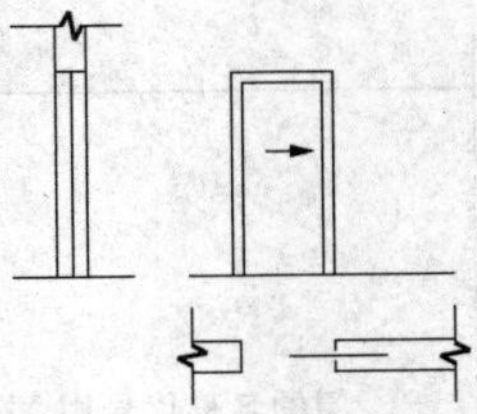	
	墙中双扇推拉门	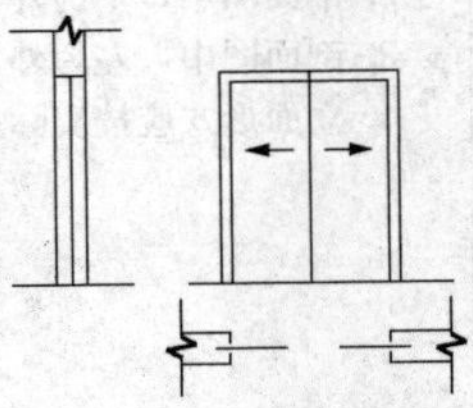	

序号	名　称	图　例	说　明
28	推拉门	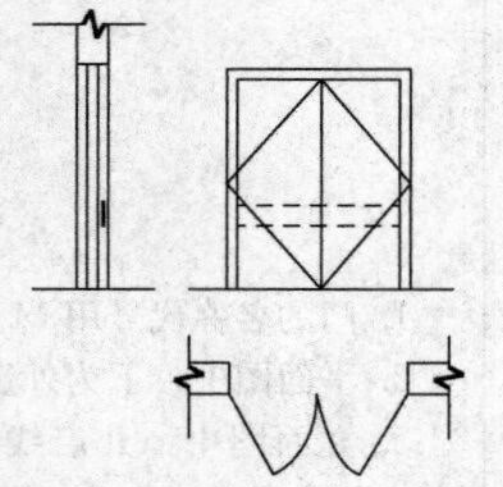	1. 门的名称代号用 M 表示 2. 平面图中，下为外、上为内，门开启线为 90°、60° 或 45° 3. 立面图中，开启线实线为外开、虚线为内开；开启线交角的一侧为安装合页一侧；开启线在建筑立面图中可不表示，在室内设计门窗立面大样图中需绘出 4. 剖面图中，左为外、右为内 5. 立面形式应按实际情况绘制
29	门连窗	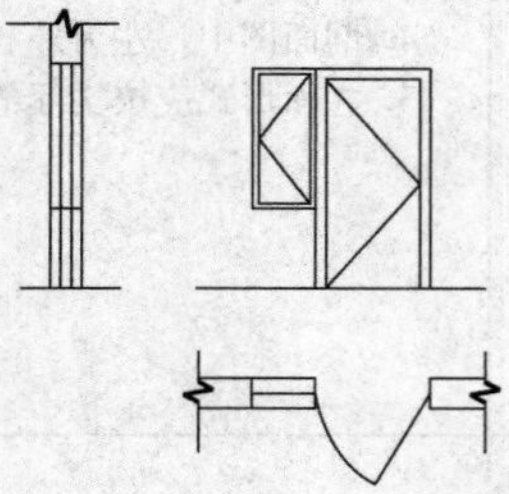	
30	旋转门	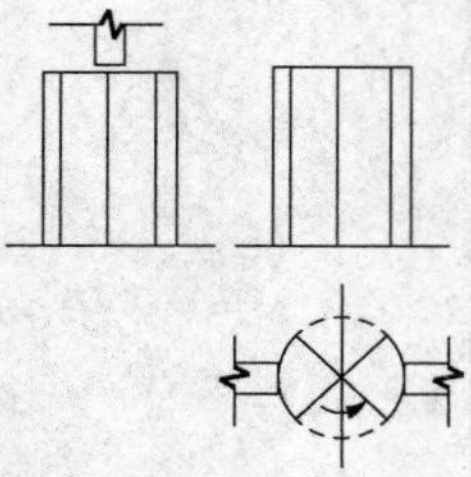	1. 门的名称代号用 M 表示 2. 立面形式应按实际情况绘制
	两翼智能旋转门	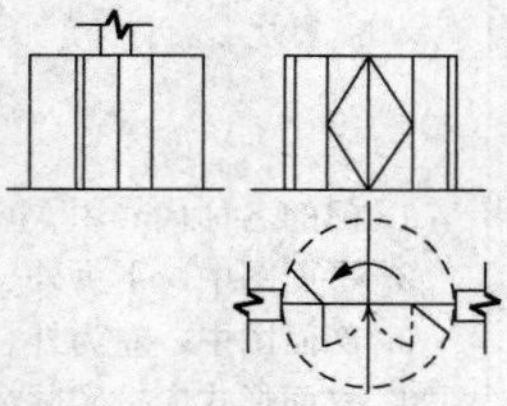	
31	自动门	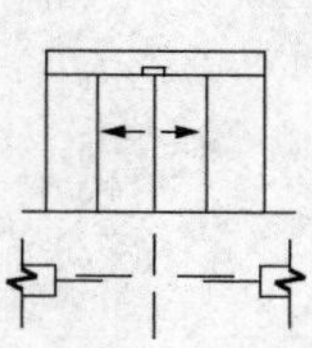	1. 门的名称代号用 M 表示 2. 平面图中，下为外、上为内 3. 剖面图中，左为外、右为内 4. 立面形式应按实际情况绘制
32	折叠上翻门	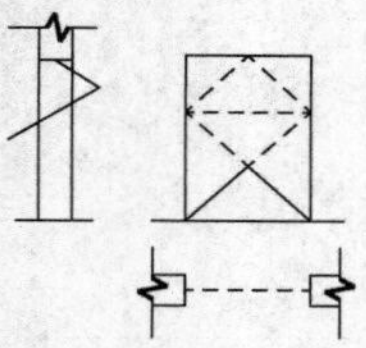	

序号	名　称	图　例	说　明
33	提升门	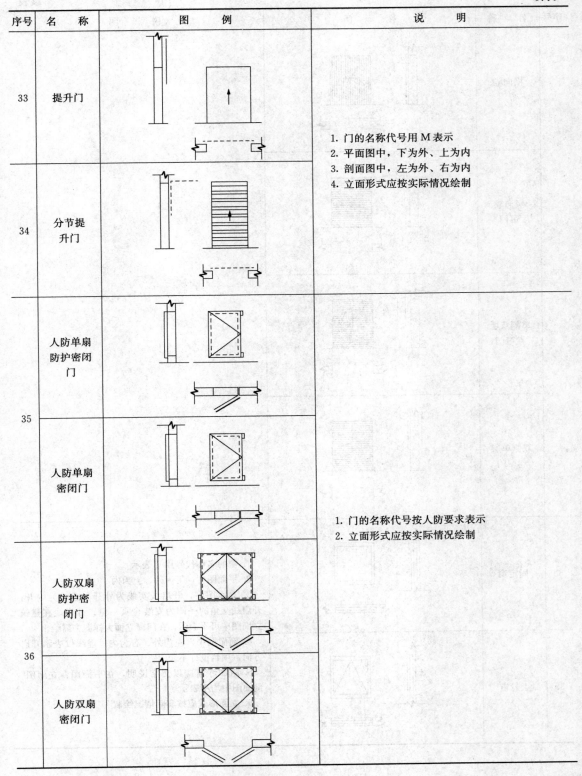	1. 门的名称代号用 M 表示 2. 平面图中，下为外、上为内 3. 剖面图中，左为外、右为内 4. 立面形式应按实际情况绘制
34	分节提升门		
35	人防单扇防护密闭门		
	人防单扇密闭门		1. 门的名称代号按人防要求表示 2. 立面形式应按实际情况绘制
36	人防双扇防护密闭门		
	人防双扇密闭门		

序号	名　称	图　　例	说　　明
37	横向卷帘门	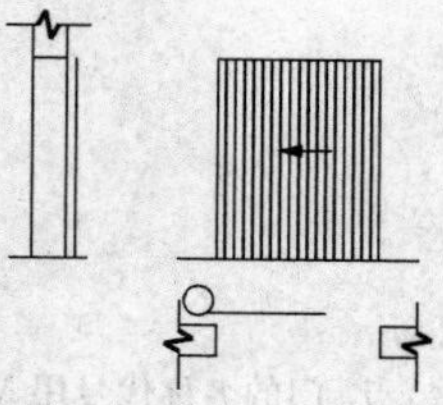	
	竖向卷帘门	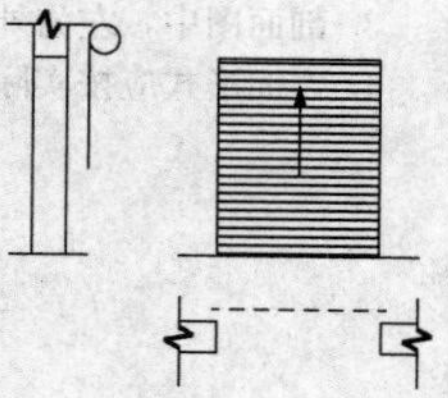	
	单侧双层卷帘门	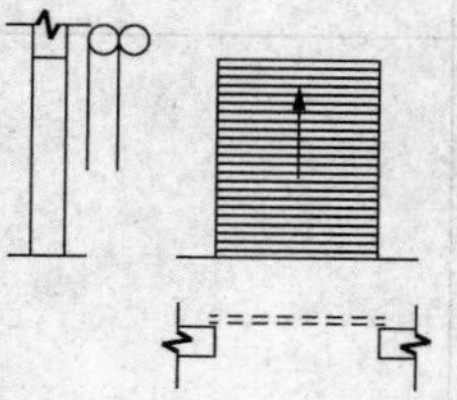	
	双侧单层卷帘门	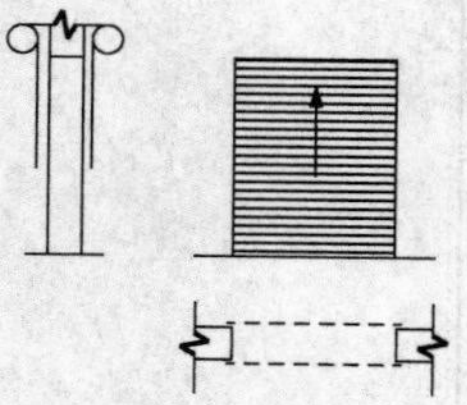	
38	固定窗	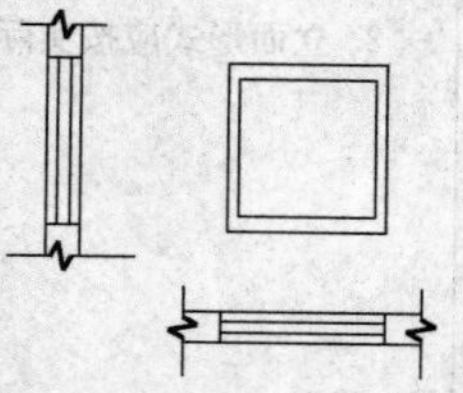	1. 窗的名称代号用 C 表示 2. 平面图中，下为外、上为内 3. 立面图中，开启线实线为外开、虚线为内开；开启线交角的一侧为安装合页一侧；开启线在建筑立面图中可不表示，在门窗立面大样图中需绘出 4. 剖面图中，左为外、右为内；虚线仅表示开启方向，项目设计不表示 5. 附加纱窗应以文字说明，在平面图、立面图、剖面图中均不表示 6. 立面形式应按实际情况绘制
39	上悬窗	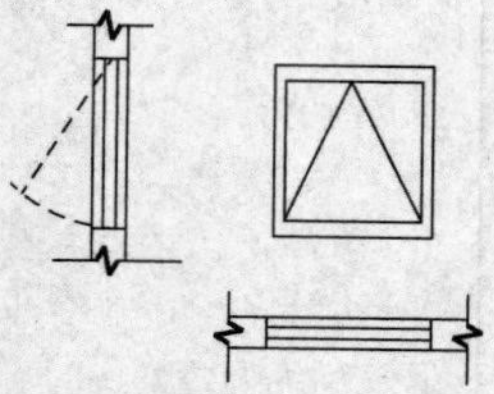	

序号	名　称	图　例	说　明
40	中悬窗	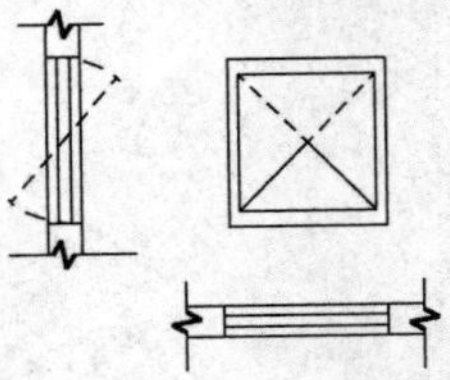	
41	下悬窗	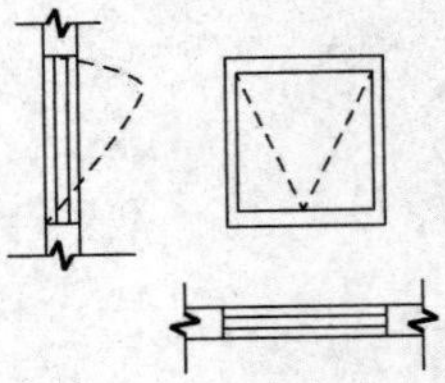	
42	立转窗	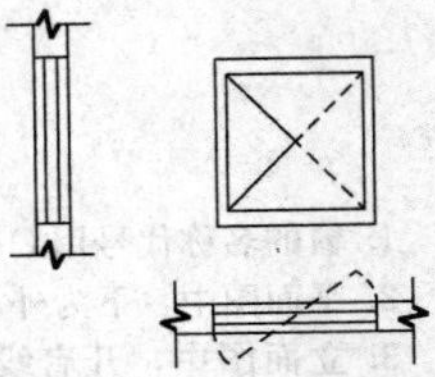	1. 窗的名称代号用C表示 2. 平面图中，下为外、上为内 3. 立面图中，开启线实线为外开、虚线为内开；开启线交角的一侧为安装合页一侧；开启线在建筑立面图中可不表示，在门窗立面大样图中需绘出 4. 剖面图中，左为外、右为内；虚线仅表示开启方向，项目设计不表示 5. 附加纱窗应以文字说明，在平面图、立面图、剖面图中均不表示 6. 立面形式应按实际情况绘制
43	内开平开内倾窗	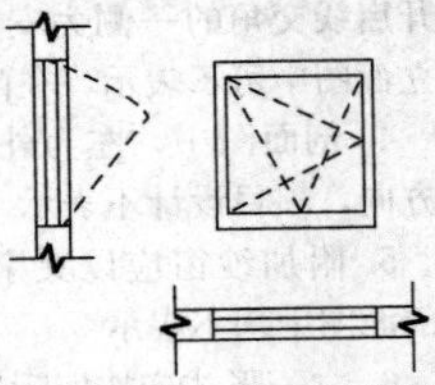	
44	单层外开平开窗	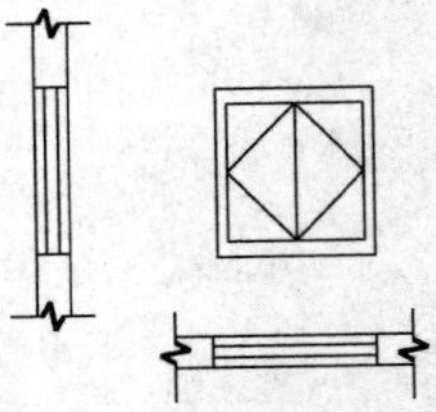	
	单层内开平开窗	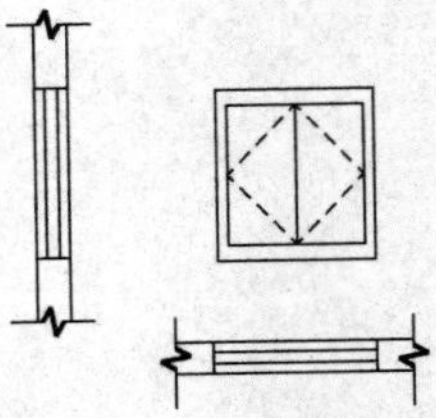	
	双层内外开平开窗	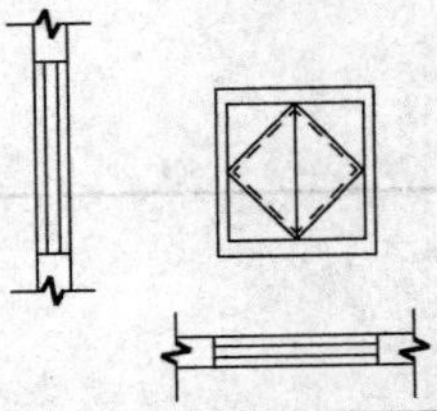	

序号	名　称	图　　例	说　　明
45	单层推拉窗	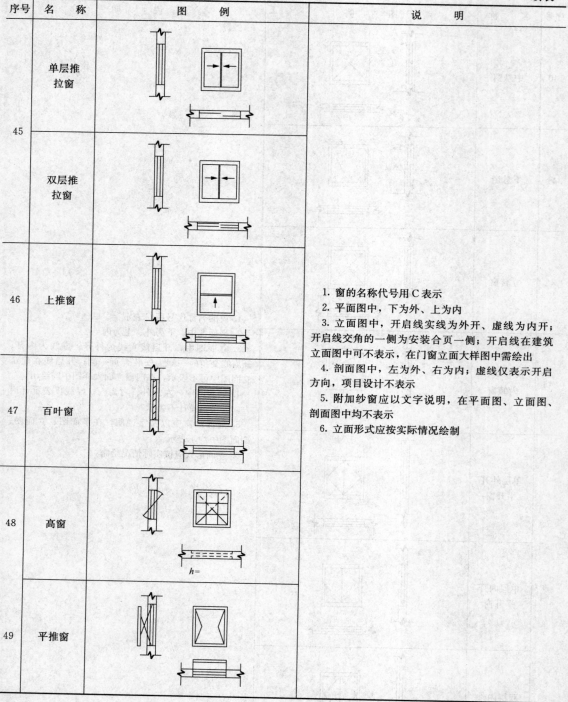	
	双层推拉窗		
46	上推窗		1. 窗的名称代号用C表示 2. 平面图中，下为外、上为内 3. 立面图中，开启线实线为外开、虚线为内开；开启线交角的一侧为安装合页一侧；开启线在建筑立面图中可不表示，在门窗立面大样图中需绘出 4. 剖面图中，左为外、右为内；虚线仅表示开启方向，项目设计不表示 5. 附加纱窗应以文字说明，在平面图、立面图、剖面图中均不表示 6. 立面形式应按实际情况绘制
47	百叶窗		
48	高窗		
49	平推窗		

建筑施工图实例及识图点评

一、北京某三层砖混住宅楼的建筑施工图实例

本工程为某小区居民住宅楼，三层砖混结构，坡屋顶。

建 筑 工 程 概 况

层数	建筑面积 （m²）	平均每户 使用面积 （m²）	每户居住 面积 （m²）	每户使用 面积 （m²）	每户面宽 （m）	居住面积 系数	使用面积 系数
首层	196.59	98.30	45.84	70.17	7.44	46.7%	71.4%
二层	182.13	91.07	37.87	62.18	7.44	42.5%	68.3%
三层	154.04	77.02	28.82	53.13	7.44	37.43%	68.9%

门 窗 数 量 表　　　　　　　　　　　　　mm

序号	门窗代号	洞口尺寸 （宽×高） mm	数量	备　　注
1	32GC	900×600	6	首层加护栏　见京J71（二）P6　CB12
2	40GC	1200×1400	18	首层加护栏　见京J71（二）P6　CB14
3	50GC	1500×1400	4	见京J71　P2
4	GC01	680×1400	4	特制首层加护栏　见京J71（二）P6　CB07
5	M01	700×650	4	窗下面管沟检查门
6	01G21	750×1960	9	卫生间及厕所门安装滚花玻璃
7	01G22	750×1960	9	卫生间及厕所门安装滚花玻璃
8	□31G11	900×1960	9	见京J74　P3
9	□31G12	900×1960	9	见京J74　P3
10	M43改	900×2300	3	厨房外门　参见京J802

	工程概况　门窗表　材料表

113

序号	门窗代号	洞口尺寸 （宽×高）	数量	备注
11	M44 改	900×2300	3	厨房外门　参见京 J802
12	11HM1	1000×1960	3	见京 J74（二）　P 补 1
13	11HM2	1000×1960	3	见京 J74（二）　P 补 1
14	41M2	1200×1960	1	见 76J61　P2
15	522GY 左	1500×2250	1	首层加护栏　见京 J71（二）P6　CB12
16	522GY 右	1500×2250	1	首层加护栏　见京 J71（二）P6　CB12
17	622GY 左	1800×2250	2	见京 J71　P3
18	622GY 右	1800×2250	2	见京 J71　P3

房间工程材料做法表

房间名称	地　面	楼　面	踢　脚	墙　裙	墙　面	顶　棚	屋　面	备　注
起居室	地$_6$	楼$_4$	踢$_2$	—	内墙$_{72}$	棚$_2$		
卧室	地$_6$	楼$_4$	踢$_2$	—	内墙$_{72}$	棚$_7$		
厨房	地$_{38}$	楼$_{23}$	—	裙$_{41}$	内墙$_{32}$	棚$_{12}$	见建施$_6$、外剖$_1$ 屋面工程材料做法	工程材料做法详见建筑构造通用图集 88J1
厕所	地$_{50}$	楼$_{25}$	—	裙$_{41}$	内墙$_{32}$	棚$_{12}^{9}$		
卫生间	地$_{50}$	楼$_{25}$	—	—	内墙$_{89}^{88}$	棚$_{31}$		
楼梯间	地$_6$	楼$_4$	踢$_2$	—	内墙$_4$	棚$_2$		

地　面

地$_6$（水泥地面）

1. 素土夯实。

2. 100mm 厚 3：7 灰土。

3. 50mm 厚 C10 混凝土。

4. 素水泥浆结合层一道。

5. 20mm 厚 1：2.5 水泥砂浆抹面压实擀光。

地$_{38}$（铺地砖地面）

1. 素土夯实。

2. 100mm 厚 3：7 灰土。

3. 50mm 厚 C10 级混凝土。

4. 素水泥浆结合层一道。

	材料表　建筑做法（一）

5. 20mm 厚 1∶4 干硬性水泥砂浆结合层。

6. 撒素水泥面（洒适量清水）。

7. 8～10mm 厚铺地砖地面，干水泥擦缝。

地₅₀［陶瓷（马赛克）地面］。

1. 素土夯实。

2. 100mm 厚 3∶7 灰土。

3. 50mm 厚 C10 混凝土。

4. 素水泥浆结合层一道。

5. 20mm 厚 1∶4 干硬性水泥砂浆结合层。

6. 撒素水泥面。

7. 5mm 厚陶瓷马赛克砖铺实拍平，干水泥擦缝。

楼　面

楼₄（水泥楼面）

1. 钢筋混凝土楼板。

2. 50mm 厚 1∶6 水泥焦渣垫层。

3. 20mm 厚 1∶2.5 水泥砂浆压实赶光。

楼₂₃（铺地砖楼面）

1. 钢筋混凝土楼板。

2. 素水泥浆结合层一道。

3. 20mm 厚 1∶3 水泥砂浆找平层，四周抹小八字角。

4. 水乳型橡胶沥青防水涂料，一布四涂（无纺布）防水层，四周卷起 150mm 高，外粘粗砂，门口处铺出 300 宽（JG—2 水乳型橡胶沥青防水涂料）。

5. 50mm 厚（最高处）1∶2∶4 细石混凝土从门口处向地漏找泛水，最低处不小于 30mm 厚。

6. 素水泥浆结合层一道。

7. 20mm 厚 1∶4 干硬性水泥砂浆结合层。

8. 撒素水泥面（洒适量清水）。

9. 8～10mm 厚铺地砖楼面，干水泥擦缝。

楼₂₅［铺地砖楼面（适用于浴厕等房间）］

1. 钢筋混凝土楼板。

2. 素水泥浆结合层一道。

3. 20mm 厚 1∶3 水泥砂浆找平层，四周抹小八字角，上刷冷底子油一道。

4. 二毡三油防水层，四周卷起 150mm 高，外粘粗砂（门口处铺出 300mm 宽二毡三油防水层）。

5. 50mm 厚（最高处）1∶2∶4 细石混凝土从门口处向地漏找泛水，最低处不小于 30mm 厚。

6. 素水泥浆结合层一道。

7. 20mm 厚 1∶4 干硬性水泥砂浆结合层。

8. 撒素水泥面（洒适量清水）。

9. 8～10mm 厚铺地砖楼面，干水泥擦缝。

踢　脚

踢$_2$（水泥踢脚）

1. 12mm 厚 1∶3 水泥砂浆打底，扫毛或划出纹道。

2. 8mm 厚 1∶2.5 水泥砂浆罩面压实赶光。

墙　裙

裙$_{41}$（釉面砖墙裙）

1. 8mm 厚 1∶3 水泥砂浆打底，扫毛或划出纹道。

2. 8mm 厚 1∶0.1∶1.5 水泥石灰膏砂浆结合层。

3. 贴 5mm 厚釉面砖。

4. 白水泥擦缝。

内　墙

内墙$_4$（抹灰墙面）

1. 10mm 厚 1∶3 石灰膏砂浆打底。

2. 6mm 厚 1∶3 石灰膏砂浆。

3. 2mm 厚纸筋灰罩面。

4. 喷内墙涂料。

内墙$_{32}$（乳胶漆墙面）

1. 13mm 厚 1∶0.3∶3 水泥石灰膏砂浆打底，扫毛或划出纹道。

2. 5mm 厚 1∶0.3∶2.5 水泥石灰膏砂浆罩面压光。

3. 刷乳胶漆。

内墙$_{72}$（贴壁纸墙面）

1. 13mm 厚 1∶0.3∶3 水泥石灰膏砂浆打底，扫毛或划出纹道。

2. 5mm 厚 1∶0.3∶2.5 水泥石灰膏砂浆罩面压光。

3. 满刮腻子一道。

4. 刷（喷）一道 108 胶水溶液，配比是 108∶胶∶水＝3∶7。

5. 贴壁纸，在纸背面和墙面上均刷胶，胶的配合比为：108 胶∶纤维素＝1∶0.3（纤维素水溶液浓度为 4％），并稍加水。

内墙$_{88}$（砖墙上贴釉面砖）

1. 12mm 厚 1∶3 水泥砂浆打底，扫毛或划出纹道。

2. 8mm 厚 1∶0.1∶2.5 水泥石灰膏砂浆结合层。

3. 贴 5mm 厚釉面砖。

4. 白水泥擦缝。

内墙$_{89}$（混凝土砖面上贴釉面砖）

	建筑做法（三）

1. 刷一道 YJ—302 型混凝土界面处理剂（随刷随抹底灰）。

2. 10mm 厚 1∶3 水泥砂浆打底，扫毛或划出纹道。

3. 8mm 厚 1∶0.1∶2.5 水泥石灰膏结合层。

4. 贴 5mm 厚釉面砖。

5. 白水泥擦缝。

顶　　棚

棚₂（预制混凝土板底喷涂顶棚）

1. 钢筋混凝土板底抹缝（1∶0.3∶3 水泥石灰膏砂浆打底，纸筋灰略掺水泥罩面，浅缝一次成活）。

2. 板底腻子刮平。

3. 喷顶棚涂料。

棚₇（预制混凝土板底抹灰顶棚）

1. 钢筋混凝土预制板底用水加 10% 火碱清洗油腻。

2. 刷素水泥浆一道（内掺水重 3%～5% 的 108 胶）。

3. 6mm 厚 1∶3∶9 水泥石灰膏砂浆打底。

4. 2mm 厚纸筋灰罩面。

5. 喷顶棚涂料。

棚₉（预制混凝土板底抹水泥砂浆顶棚，适用于潮气较大的房间）

1. 钢筋混凝土预制板底用水加 10% 火碱清洗油腻。

2. 刷素水泥浆一道（内掺水重 3%～5% 的 108 胶）。

3. 5mm 厚 1∶3 水泥砂浆打底。

4. 5mm 厚 1∶2.5 水泥砂浆罩面。

5. 喷顶棚涂料。

棚₁₂（预制混凝土大楼板底油漆顶棚）

1. 钢筋混凝土预制板底用水加 10% 火碱清洗油腻。

2. 满刮腻子两道（有裂纹者用腻子补刮两遍）。

3. 刷无光油漆。

棚₃₁（钢筋混凝土板下面做板条钢板网抹灰吊顶）

1. 钢筋混凝土板内预留 φ6 钢筋钩，中距 900～1200mm，用 φ8 螺栓吊挂 50mm×70mm 大木龙骨。

2. 50mm×50mm 小木龙骨中距 450，找平后用 50×50 方木吊挂钉牢，再用 12 号镀锌钢丝每隔一道绑一道（龙骨与吊挂或用 φ6 螺栓拧牢）。

3. 钉木板条（离缝 30～40mm，端头离缝 5mm），钉钢板网（0.8mm 厚 9mm×25mm 孔）。

4. 3mm 厚 1∶2∶1 水泥石灰膏砂浆（掺麻刀）打底（挤入网孔及板条缝内）。

5. 1∶0.5∶4 水泥石灰膏砂浆挤入灰中（无厚度）。

6. 6mm 厚 1∶3∶9 水泥石灰膏砂浆。

7. 2mm 厚纸筋灰罩面。

	建筑做法（四）

117

8. 喷顶棚涂料。

外 墙 材 料 做 法

散　水	台　阶	勒　脚	外　墙	窗 间 墙	阳台外沿	山墙、檐口
散₃	台₇	外墙₉ 外墙₁₂	外墙₄₂	外墙₃	外墙₇₁ 外墙₇₂	外墙₄₇

注　外墙工程材料做法详见 88J1。

散₂（细石混凝土散水）

1. 素土夯实向外坡 4％。

2. 150mm 厚卵石灌 M2.5 混合砂浆。

3. 40mm 厚 1：2：3 细石混凝土撒 1：1 水泥砂子压实赶光。

台₇（水泥台阶）

1. 素土夯实（坡度按工程设计）。

2. 300mm 厚 3：7 灰土（分两步打）。

3. 60mm 厚 C15 混凝土（厚度不包括踏步三角部分）台阶面向外坡 1％。

4. 素水泥浆结合层一道。

5. 20mm 厚 1：2.5 水泥砂浆抹面压实赶光。

外墙₃（清水砖刷色墙面）

1. 清水砖墙 1：1 水泥砂浆勾凹缝，凹入应不小于 4mm。

2. 薄刷或喷色（颜料为氧化铁红或氧化铁黄，胶粘剂为乳胶按水重的 15％～20％掺用）。

外墙₉（砖墙上抹水泥砂浆墙面）

1. 10mm 厚 1：3 水泥砂浆打底，扫毛或划出纹道。

2. 9mm 厚 1：3 水泥砂浆刮平、扫毛。

3. 6mm 厚 1：2.5 水泥砂浆罩面。

外墙₁₂（砖墙上做水刷石墙面）

1. 12mm 厚 1：3 水泥砂浆打底，扫毛或划出纹道。

2. 刷素水泥浆一道（内掺水重 3％～5％的 108 胶）。

3. 8mm 厚 1：1.5 水泥石子（小八厘）或 10mm 厚 1：2.5 水泥石子（中八厘）罩面。

外墙₄₂（砖墙喷涂料墙面）

1. 12mm 厚 1：3 水泥砂浆打底，扫毛或划出纹道。

2. 6mm 厚 1：2.5 水泥砂浆罩面。

3. 喷涂料面层（涂料品种由设计人按附录或其他品种选定）。

外墙₄₇（砖墙上做彩色点弹涂墙面）

1. 12mm 厚 1：3 水泥砂浆打底，木抹搓平。

2. 刷底色浆一道。

3. 3mm 厚弹色浆点。

4. 用油喷枪或羊毛滚涂面剂一道。

	建筑做法（五）

外墙71（砖墙贴陶瓷马赛克墙面）

1. 12mm 厚 1：3 水泥砂浆打底，刮平、扫毛。

2. 刷素水泥浆一道（内掺水重 3％～5％的 108 胶）。

3. 3mm 厚 1：1：2 纸筋石灰膏水泥混合灰粘结层（内掺水泥重 5％的 108 胶）。

4. 贴 5mm 厚马赛克。

5. 水泥擦缝。

外墙72（混凝土墙贴陶瓷马赛克墙面）

1. 刷素水泥浆一道（内掺水重 3％～5％的 108 胶）。

2. 10mm 厚 1：2.5 水泥砂浆打底，刮平、扫毛（内掺水泥重 5％的 108 胶）。

3. 刷素水泥浆一道（内掺水重 3％～5％的 108 胶）。

4. 3mm 厚 1：1：2 纸筋石灰膏水泥混合灰粘结层（内掺水泥重 5％的 108 胶）。

5. 贴 5mm 厚马赛克。

6. 水泥擦缝。

二、小区总平面图

（1）从整体布局看，图中用粗实线画的平面图形，表示新建工程，用细实线画的平面图形表示原有建筑，用虚线画的平面图形表示计划扩建工程，在细实线平面图形上画有符号"×"的是表示拆除建筑。

（2）小区的四周是宽阔的马路，小区内部是林荫小路，绿地较多，有各种树木花草，并建造了一些园林小品使环境更加优美，此外，还建有运动场和文化娱乐休息场地。

（3）小区的地势比较平坦，整个小区占地总面积约为 $250\text{m}\times250\text{m}=62500\text{m}^2$，根据场地标高可以看出小区的西北部略高，东南部稍低。借助坐标网可以看出各种建筑的占地面积和它们之间的相对位置、距离，尤其是新建工程，其本身的占地面积和与邻近主要建筑的相对位置距离，标注更加详细具体。

（4）从风向玫瑰图可以看出小区的方位、朝向及该地区常年风向频率和风速。

	建筑做法（六）

119

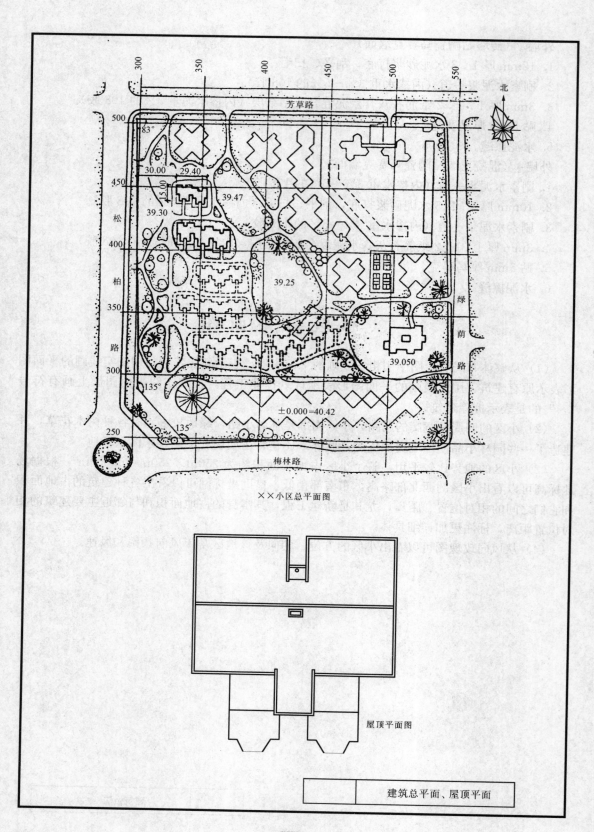

北

芳草路

松　柏　路

绿荫路

梅林路

300　350　400　450　500　550

500
450
400
350
300
250

83°
30.00　29.40
15.00
39.30　39.47
39.25
135°
135°
39.050
±0.000=40.42

××小区总平面图

屋顶平面图

建筑总平面、屋顶平面

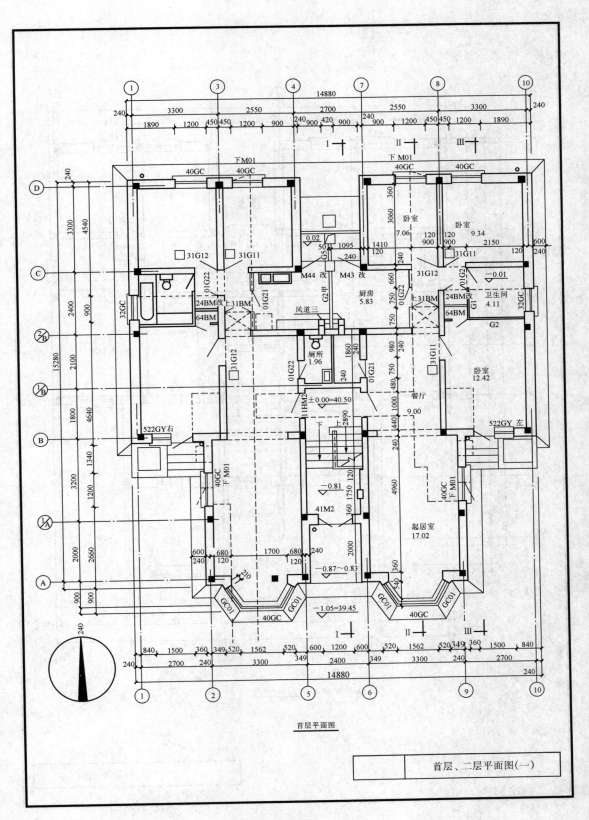

首层平面图

首层、二层平面图(一)

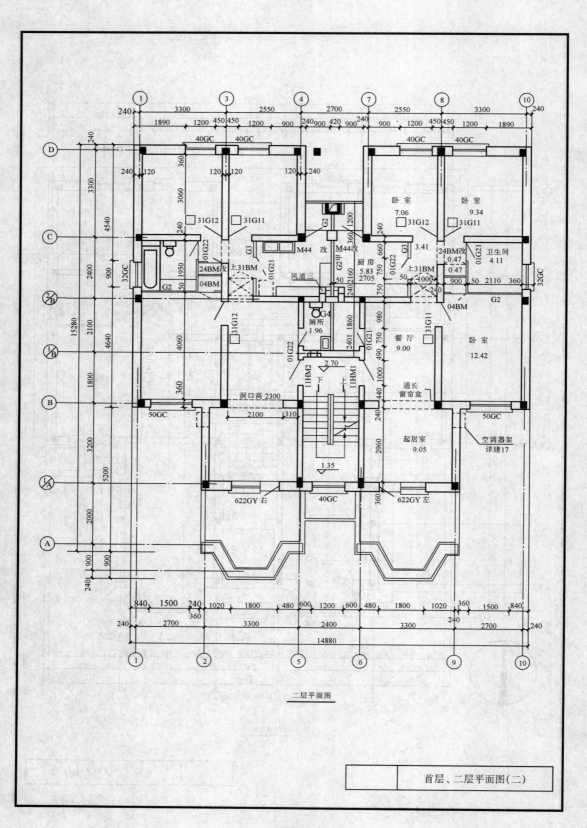

二层平面图

首层、二层平面图(二)

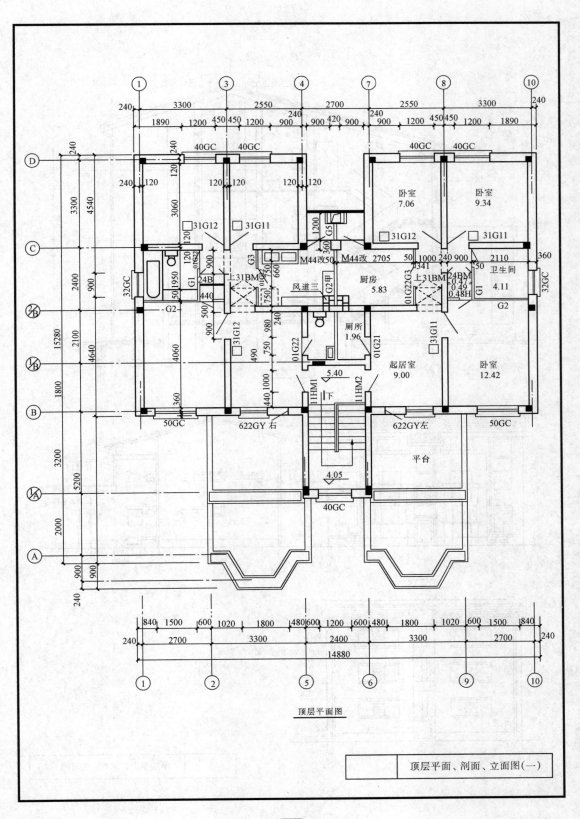

顶层平面图

顶层平面、剖面、立面图(一)

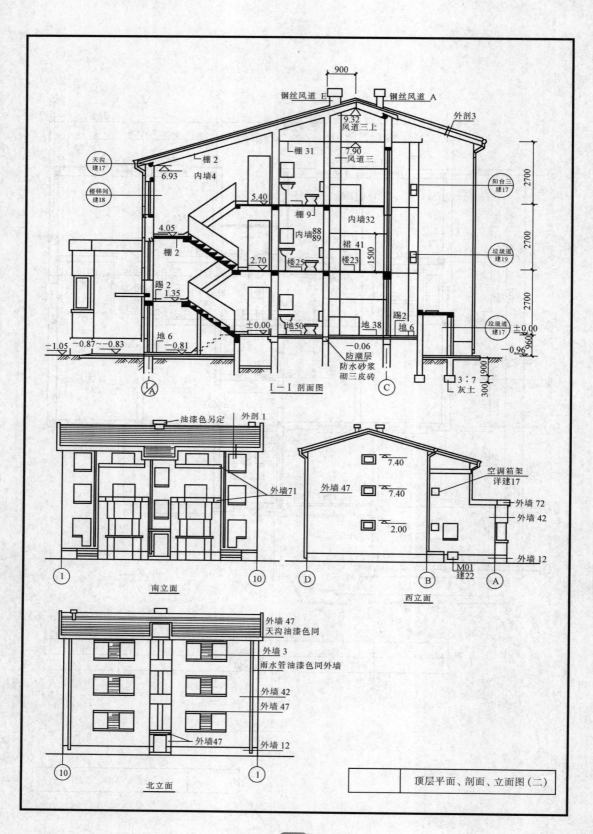

钢丝风道 E   钢丝风道 A   外剖3

900

天沟
建17
内墙4
棚2   棚31   9.32   风道三上
6.93   7.90   风道三
楼梯间
建18   5.40
4.05   棚9   内墙88 89   内墙32   阳台三 建17
棚2   2.70   楼25   裙41   1500
楼23
踢2   1.35
地6   ±0.00   地50   地38   踢2 地6
-0.06   防潮层   垃圾道 建19
防水砂浆
砌三皮砖   垃圾道 建17
-1.05 -0.87～-0.83   -0.81   2700 2700 2700

3：7   ±0.00
-0.96
灰土   300 900 960

1/A   I－I 剖面图   C

2700 2700 2700

油漆色另定   外剖1

外墙71

空调箱架
详建17
外墙47   7.40
7.40   外墙72
外墙47   2.00   外墙42

外墙12

M01
建22
1   10   D   B   A

南立面   西立面

外墙47
天沟油漆色同

外墙3
雨水管油漆色同外墙

外墙42
外墙47

外墙47   外墙12

10   1

北立面   顶层平面、剖面、立面图（二）

124

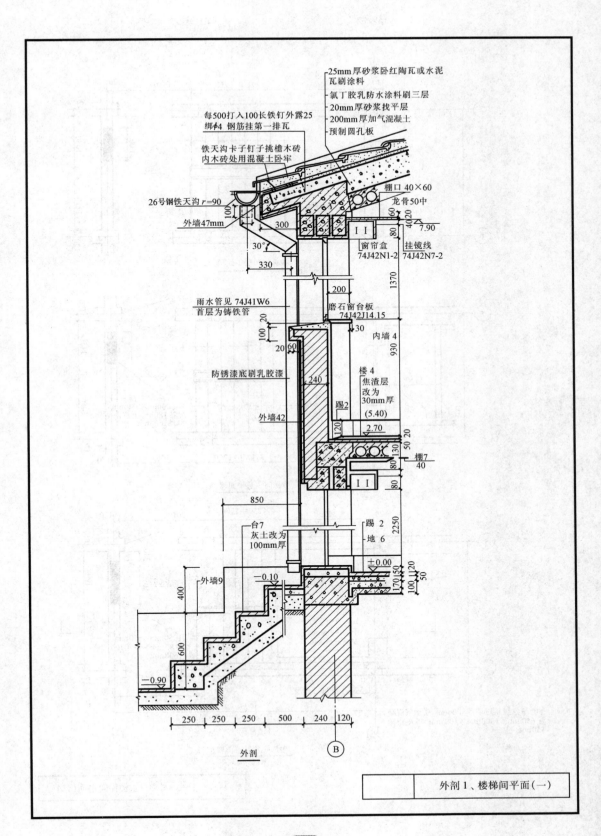

25mm厚砂浆卧红陶瓦或水泥瓦刷涂料
氯丁胶乳防水涂料刷三层
20mm厚砂浆找平层
200mm厚加气混凝土
预制圆孔板

每500打入100长铁钉外露25
绑φ4 钢筋挂第一排瓦

铁天沟卡子钉子挑檐木砖
内木砖处用混凝土卧牢

棚口 40×60
龙骨50中

26号钢铁天沟 r=90
外墙47mm

窗帘盒
74J42N1-2

挂镜线
74J42N7-2

7.90

1370

雨水管见 74J41W6
首层为铸铁管

磨石窗台板
74J42J14.15

内墙 4

930

防锈漆底刷乳胶漆

楼 4
焦渣层
改为
30mm厚
(5.40)

外墙42

踢2

2.70

棚7
40

2250

台7
灰土改为
100mm厚

踢 2
地 6

±0.00

外墙9

−0.10

400

600

−0.90

250 250 250 500 240 120

外剖

Ⓑ

外剖 1、楼梯间平面（一）

125

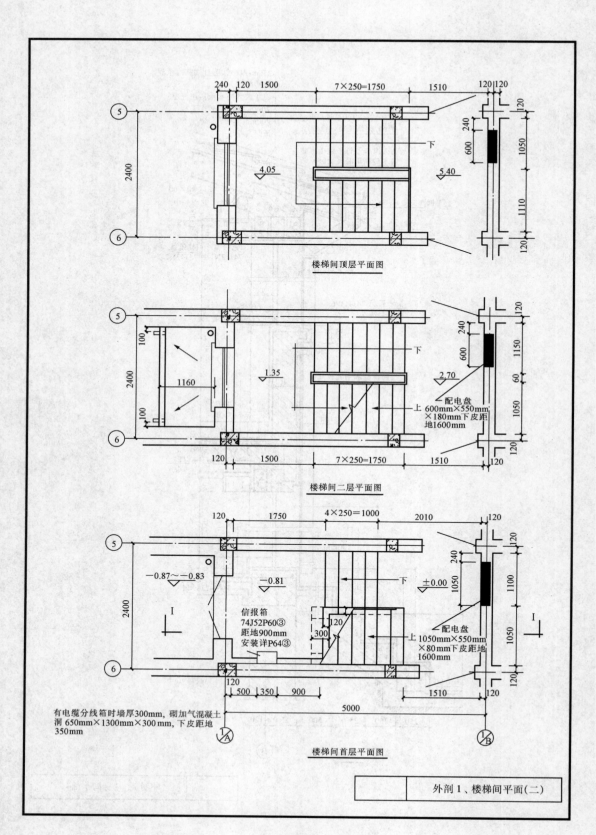

240 120 1500　　7×250=1750　　1510　　120 120

2400

4.05

下

5.40

120
240
600
1050
1110
120

楼梯间顶层平面图

5

6

100
2400
100
1160

下

1.35

上

2.70

配电盘
600mm×550mm
×180mm下皮距
地1600mm

120
240
600
1150
60
1050
120

楼梯间二层平面图

120 1500　　7×250=1750　　1510　　120

120　　1750　　4×250＝1000　　2010　　120

2400

−0.87～−0.83

−0.81

下

±0.00

信报箱
74J52P60③
距地900mm
安装详P64③

I

300
120

上

配电盘
1050mm×550mm
×80mm下皮距地
1600mm

I

120
240
1050
1100
1050
120

120　500 350　900　　1510　　120

5000

有电缆分线箱时墙厚300mm，砌加气混凝土
洞650mm×1300mm×300mm，下皮距地
350mm

1/A

1/B

楼梯间首层平面图

外剖 1、楼梯间平面(二)

126

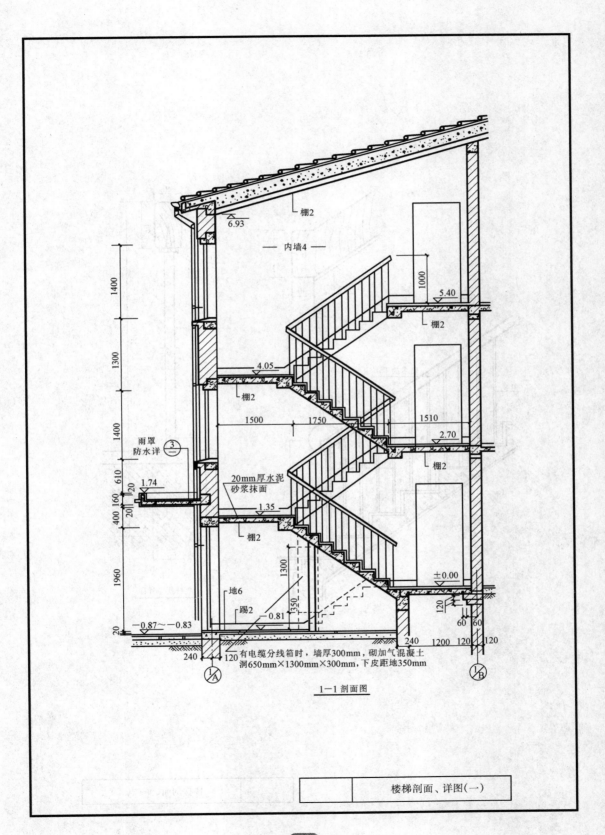

棚2

6.93

内墙4

1400

1000

5.40

棚2

1300

4.05

棚2

1500   1750

1510

2.70

棚2

1400

雨罩
防水详   ③

610   20mm厚水泥
砂浆抹面

1.74
160
120
1.35
400
20   棚2

1300

1960

地6
踢2   350

0.81

±0.00

120

-0.87～-0.83

20

240   有电缆分线箱时，墙厚300mm，砌加气凝土
洞650mm×1300mm×300mm，下皮距地350mm

240   1200   120   120

60   60

①/A   ①/B

1—1 剖面图

楼梯剖面、详图（一）

127

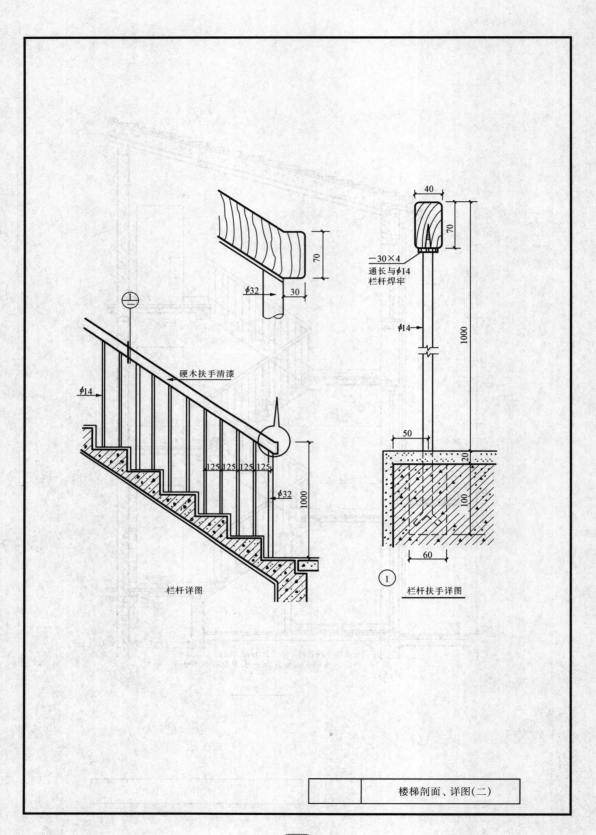

70

φ32   30

硬木扶手清漆

φ14

125 125 125 125

φ32

1000

栏杆详图

40

70

一30×4
通长与φ14
栏杆焊牢

φ14

1000

50

20

100

60

① 栏杆扶手详图

楼梯剖面、详图(二)

128

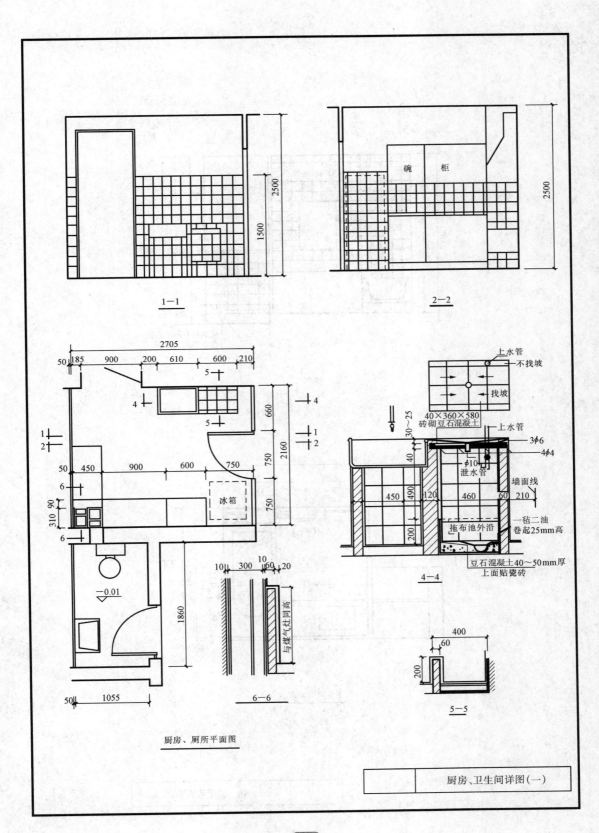

1—1

2—2

碗 柜

2705

冰箱

厨房、厕所平面图

上水管

不找坡

找坡

40×360×580
砖砌豆石混凝土

上水管

3ϕ6

4ϕ4

ϕ10

泄水管

墙面线

拖布池外沿

一毡二油
卷起25mm高

豆石混凝土40~50mm厚
上面贴瓷砖

4—4

与煤气灶同高

6—6

5—5

厨房、卫生间详图(一)

129

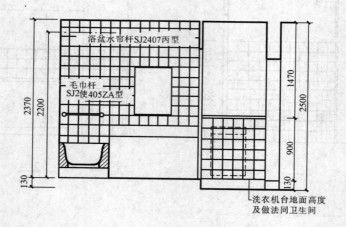

浴盆水帘杆SJ2407丙型

毛巾杆
SJ2使405ZA型

2370
2200
130

1470
2500
900
130

洗衣机台地面高度
及做法同卫生间

3—3

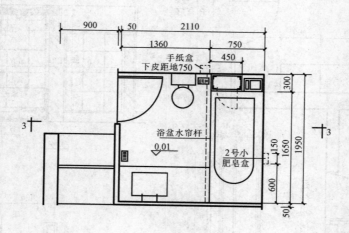

900　50　2110
1360　750
450

手纸盒
下皮距地750

300

3

浴盆水帘杆

0.01

2号小
肥皂盒

3

150
1650
1950

600

50

卫生间平面图

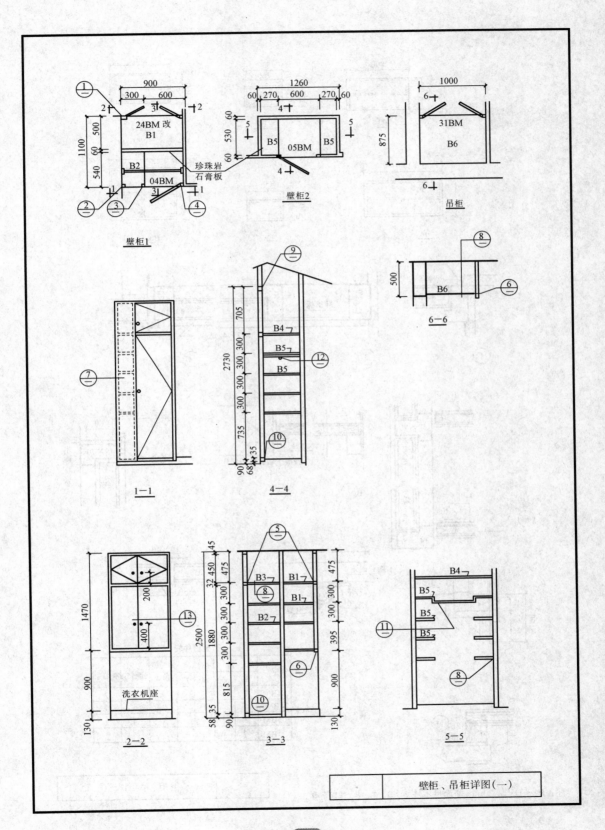

壁柜1

壁柜2

吊柜

6—6

1—1

4—4

2—2

3—3

5—5

壁柜、吊柜详图(一)

131

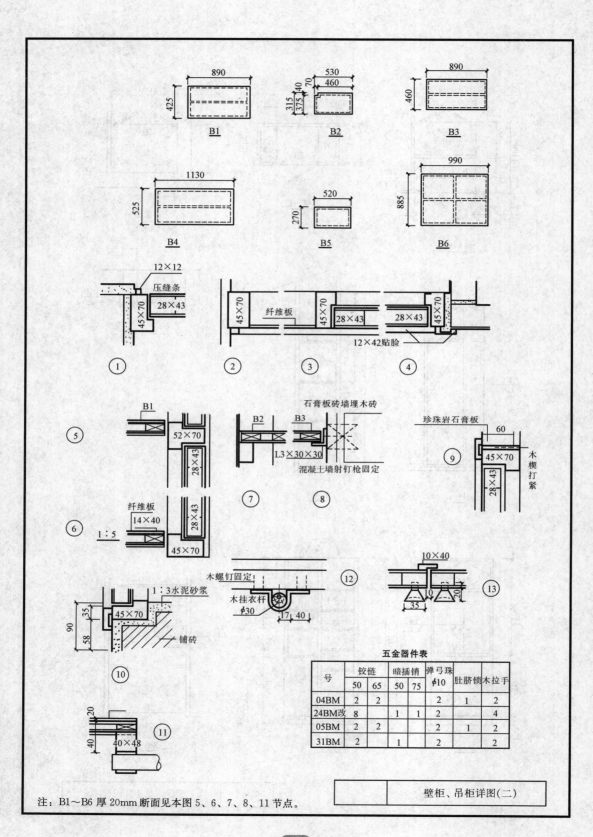

五金器件表

号	铰链		暗插销		弹弓珠 φ10	肚脐锁	木拉手
	50	65	50	75			
04BM	2	2			2	1	2
24BM改	8		1	1	2		4
05BM	2	2			2	1	2
31BM	2			1	2		2

注：B1～B6 厚 20mm 断面见本图 5、6、7、8、11 节点。

壁柜、吊柜详图(二)

132

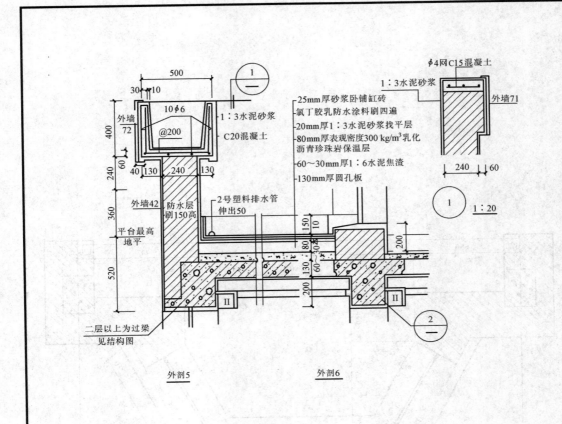

$\phi 4$网C15混凝土

1:3水泥砂浆

外墙71

240 | 60

1 1:20

500

30 10

外墙72

10ϕ6
@200

400

1:3水泥砂浆

C20混凝土

240
60
40 130 240 130

外墙42

防水层
刷150高

平台最高
地平

520

360

25mm厚砂浆卧铺缸砖
氯丁胶乳防水涂料刷四遍
20mm厚1:3水泥砂浆找平层
80mm厚表观密度300 kg/m³乳化
沥青珍珠岩保温层
60~30mm厚1:6水泥焦渣
130mm厚圆孔板

2号塑料排水管
伸出50

150
10
80
30
130
60

200

200

II

II

二层以上为过梁
见结构图

外剖5

外剖6

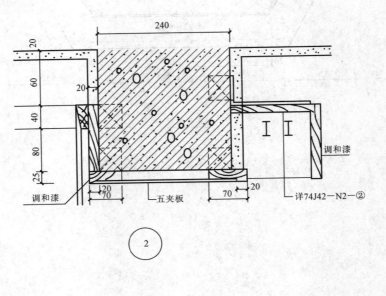

240

20

60

20

40

80

25

调和漆

20
70

五夹板

70

20

调和漆

I I

调和漆

详74J42-N2-②

2

阳台小院、凸窗平面图(一)

133

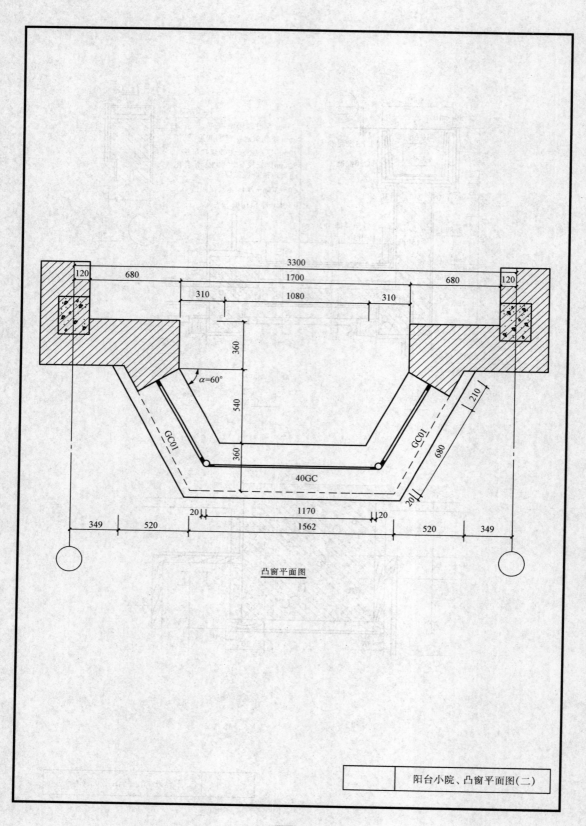

凸窗平面图

阳台小院、凸窗平面图(二)

三、天津××××住宅楼实例

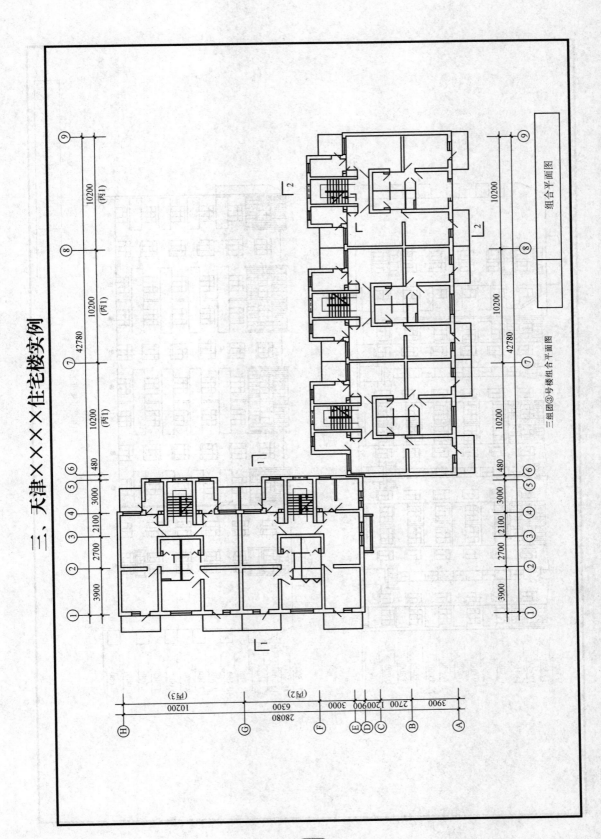

组合平面图

三组团③号楼组合平面图

135

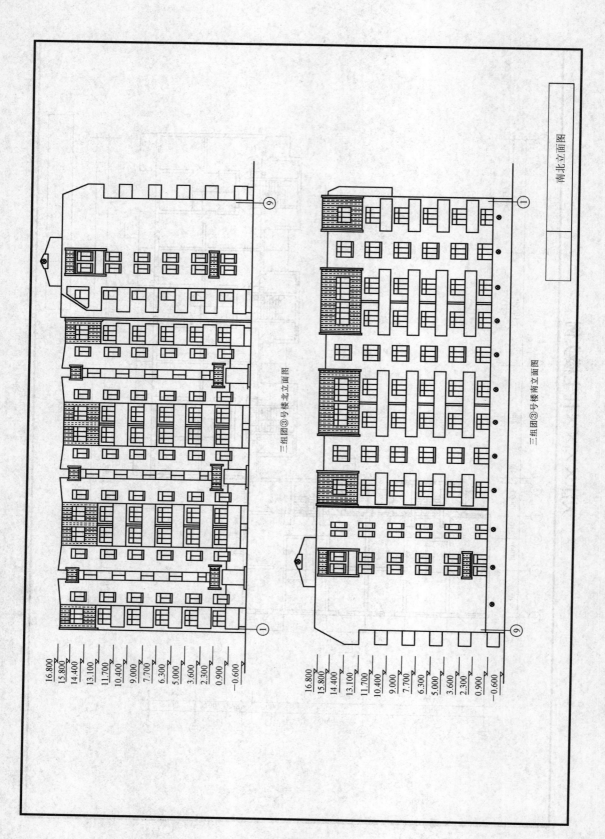

南北立面图

三组团③号楼北立面图

三组团③号楼南立面图

16.800
15.800
14.400
13.100
11.700
10.400
9.000
7.700
6.300
5.000
3.600
2.300
0.900
-0.600

16.800
15.800
14.400
13.100
11.700
10.400
9.000
7.700
6.300
5.000
3.600
2.300
0.900
-0.600

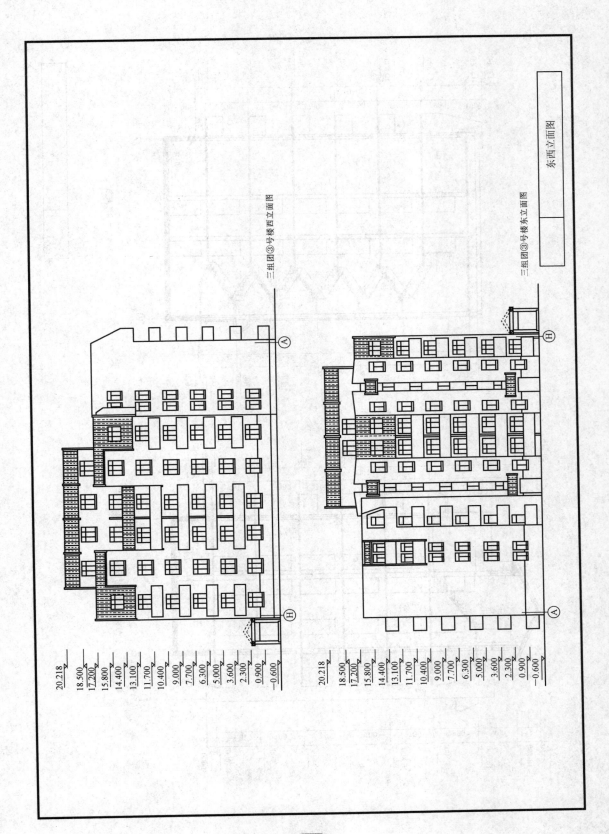

三组团③号楼西立面图

三组团③号楼东立面图

东西立面图

20.218
18.500
17.200
15.800
14.400
13.100
11.700
10.400
9.000
7.700
6.300
5.000
3.600
2.300
0.900
−0.600

20.218
18.500
17.200
15.800
14.400
13.100
11.700
10.400
9.000
7.700
6.300
5.000
3.600
2.300
0.900
−0.600

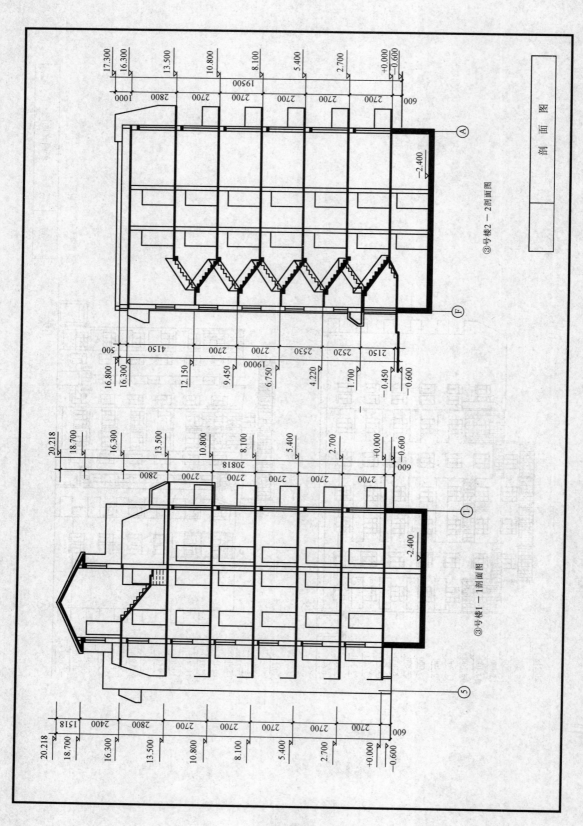

③号楼2—2剖面图

③号楼1—1剖面图

剖　面　图

138

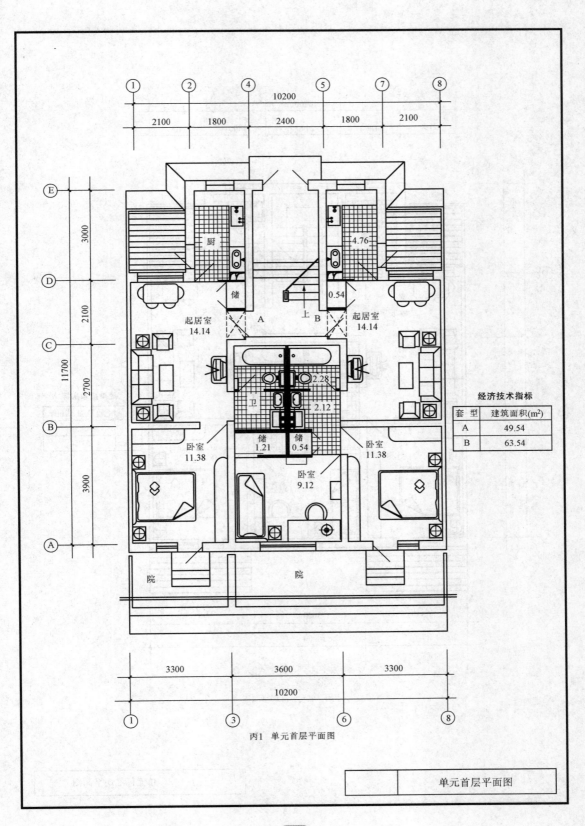

经济技术指标

套 型	建筑面积(m²)
A	49.54
B	63.54

丙1 单元首层平面图

单元首层平面图

139

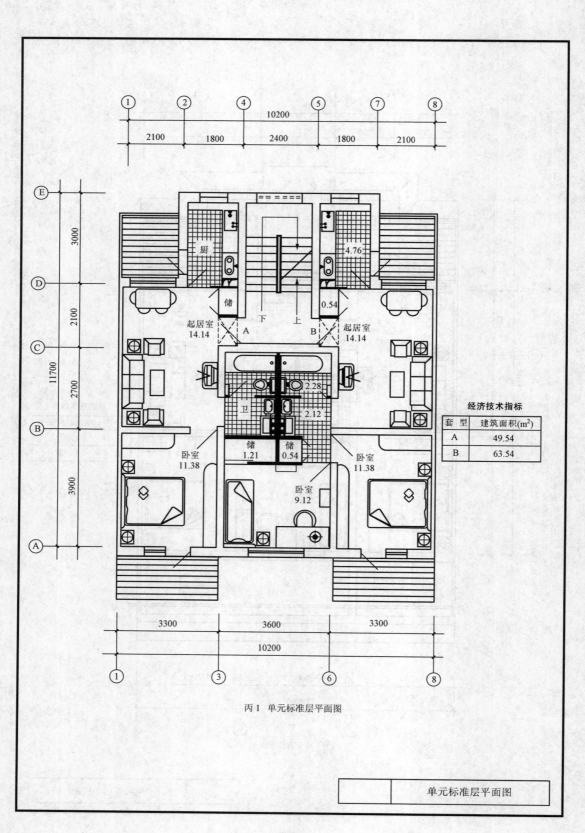

丙1 单元标准层平面图

经济技术指标		
套 型	建筑面积(m²)
A	49.54
B	63.54

単元标准层平面图

140

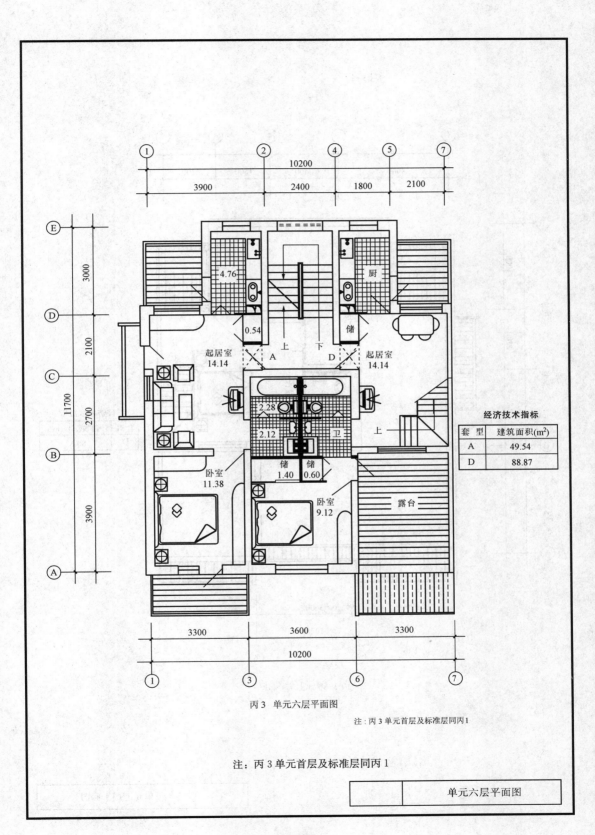

丙3 单元六层平面图

注：丙3单元首层及标准层同丙1

经济技术指标		
套 型	建筑面积(m²)
A	49.54
D	88.87

注：丙3单元首层及标准层同丙1

	单元六层平面图

141

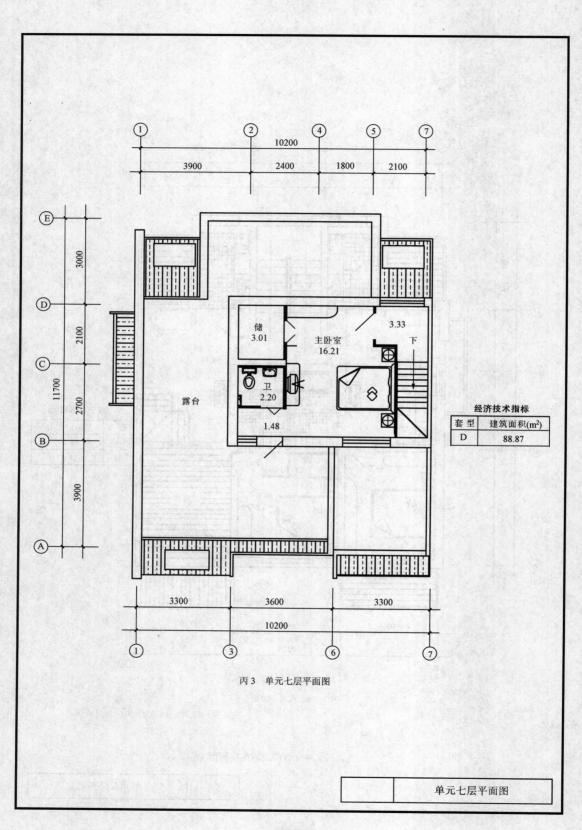

丙3 单元七层平面图

经济技术指标	
套 型	建筑面积(m²)
D	88.87

主卧室
16.21

储
3.01

卫
2.20

3.33

下

1.48

露台

10200
3900 2400 1800 2100

11700
3000 2100 2700 3900

10200
3300 3600 3300

单元七层平面图

142

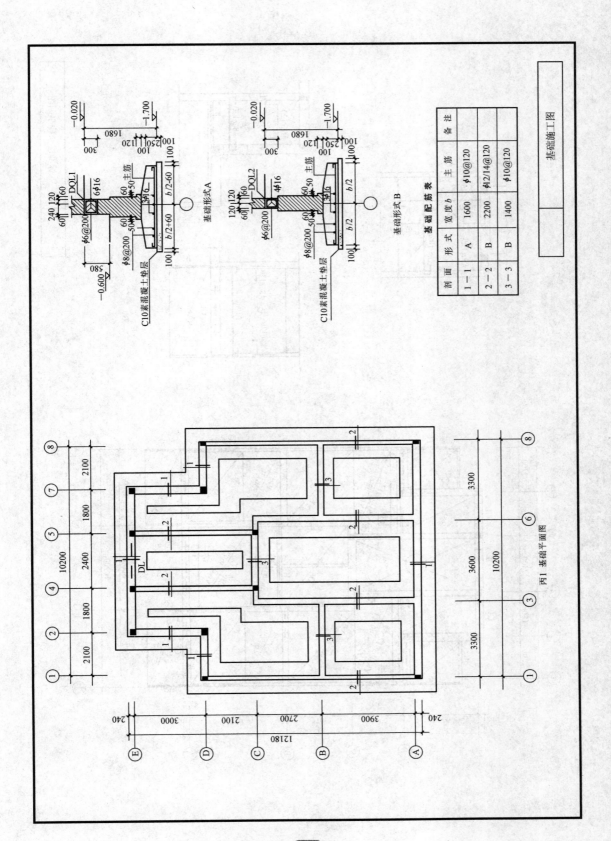

基础形式 A

基础形式 B

C10素混凝土垫层

基础配筋表

剖面	形式	宽度 b	主筋	备注
1—1	A	1600	φ10@120	
2—2	B	2200	φ12/14@120	
3—3	B	1400	φ10@120	

基础施工图

丙1 基础平面图

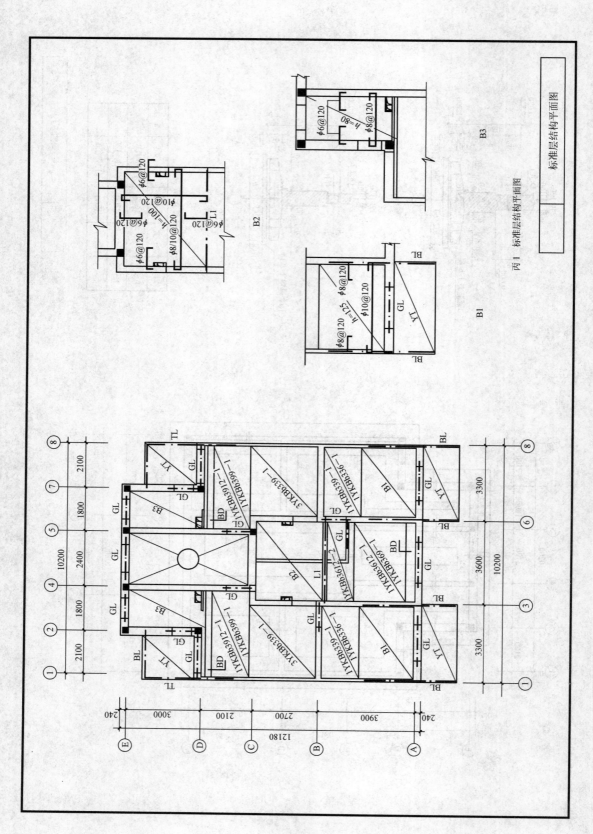

标准层结构平面图

丙1 标准层结构平面图

144

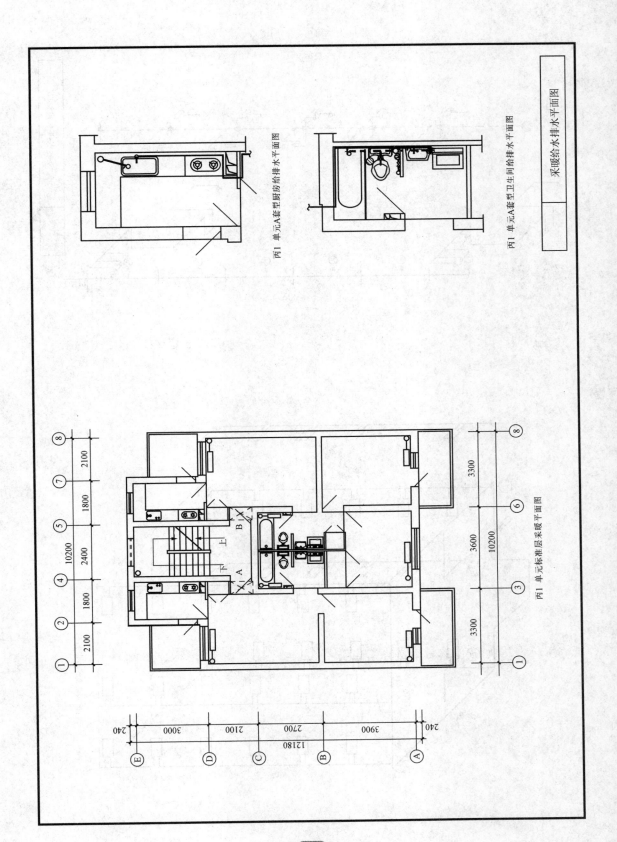

丙1 单元A套型厨房给排水平面图

丙1 单元A套型卫生间给排水平面图

采暖给水排水平面图

丙1 单元标准层采暖平面图

145

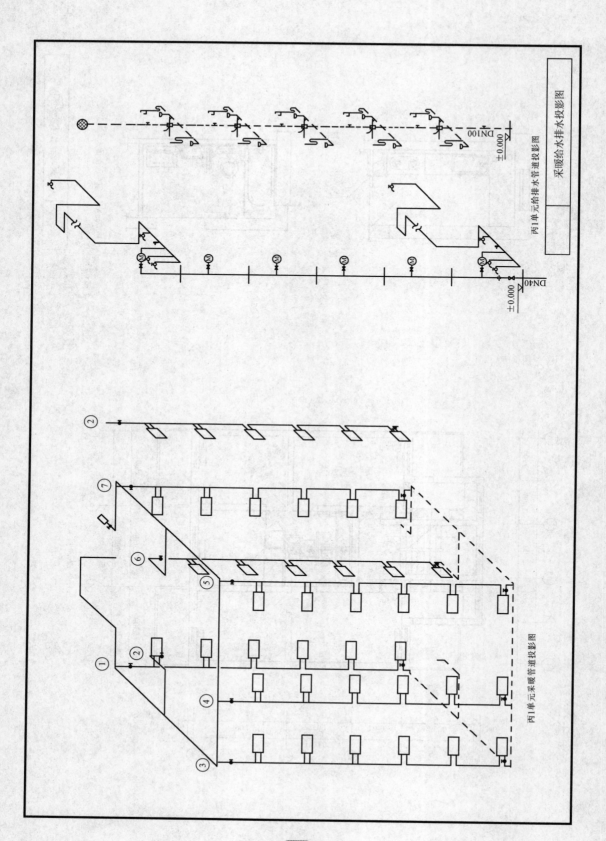

采暖给水排水投影图

丙1单元给水排水投影图

DN100

±0.000

DN40

±0.000

丙1单元采暖管道投影图

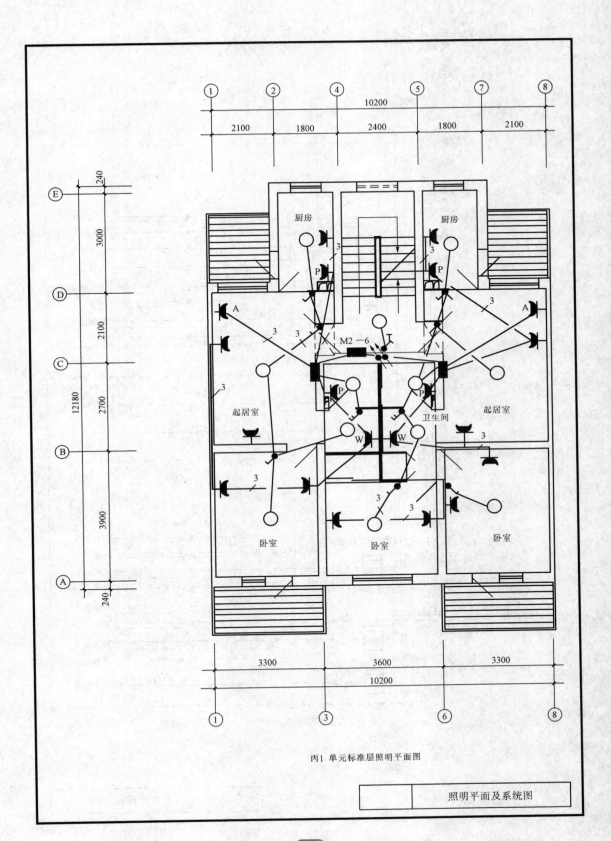

丙1 单元标准层照明平面图

照明平面及系统图

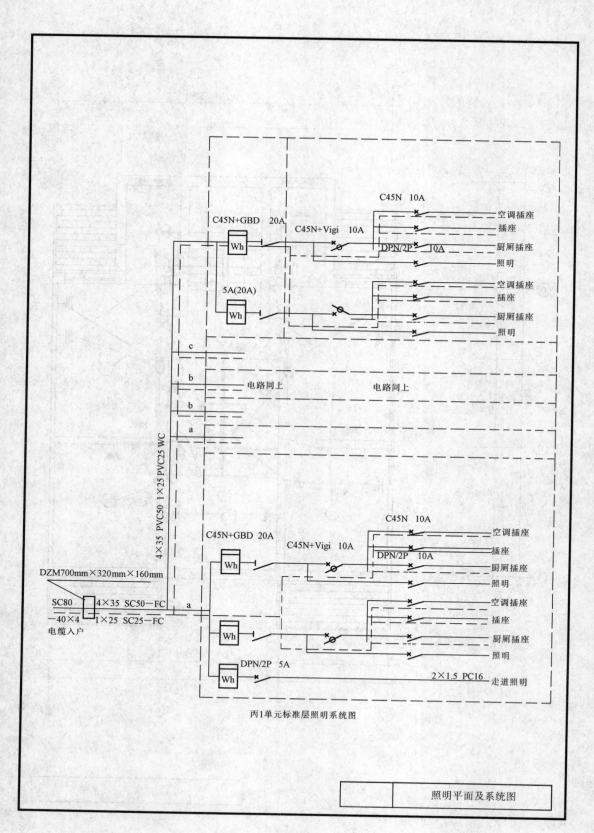

丙1单元标准层照明系统图

照明平面及系统图

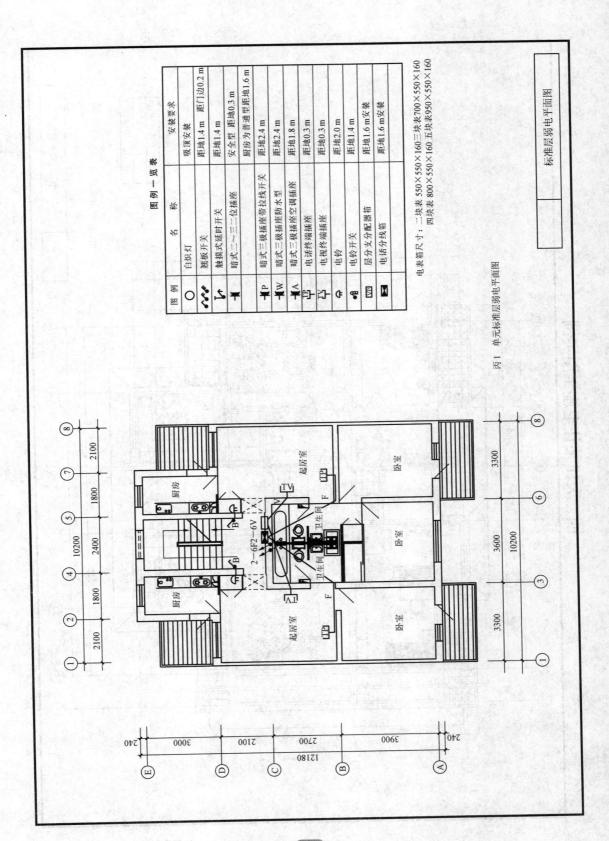

图 例 一 览 表

图 例	名 称	安 装 要 求
○	白炽灯	吸顶安装
✔	翘板开关	距地1.4 m 距门边0.2 m
✔	触摸式延时开关	距地1.4 m
✦	暗式二~三位插座	安全型 距地0.3 m
✦P	暗式三极插座带拉线开关	厨房为普通型距地1.6 m
✦W	暗式三极插座防水型	距地2.4 m
✦A	暗式三极插座空调插座	距地2.4 m
☎	电话终端插座	距地1.8 m
☐	电视终端插座	距地0.3 m
⌂	电铃	距地0.3 m
⊿	电铃开关	距地2.0 m
▨	层分支分配器箱	距地1.4 m
☒	电话分线箱	距地1.6 m安装

电表箱尺寸：二块表 550×550×160 三块表700×550×160
四块表 800×550×160 互块表950×550×160

丙1 单元标准层弱电平面图

标准层弱电平面图

149

四、天津某住宅施工图实例

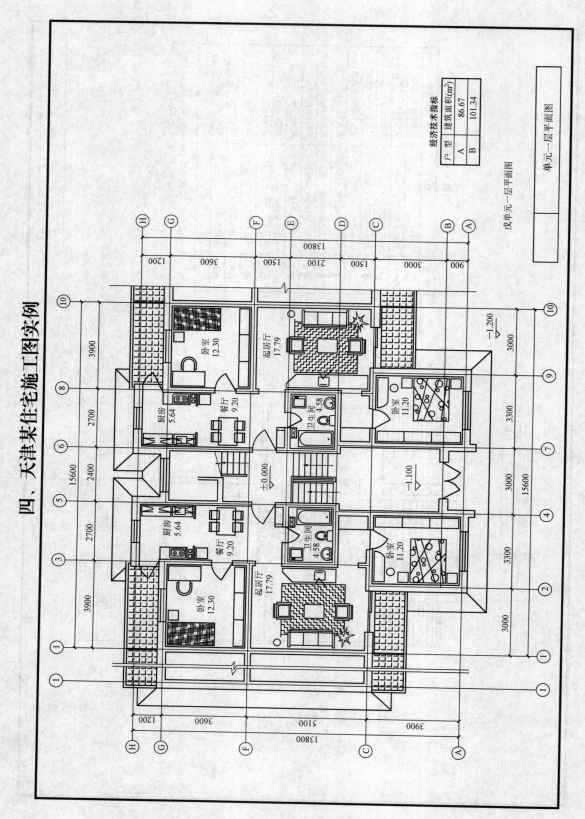

单元一层平面图

戊单元一层平面图

经济技术指标		
户 型		建筑面积(m²)
A		86.67
B		101.34

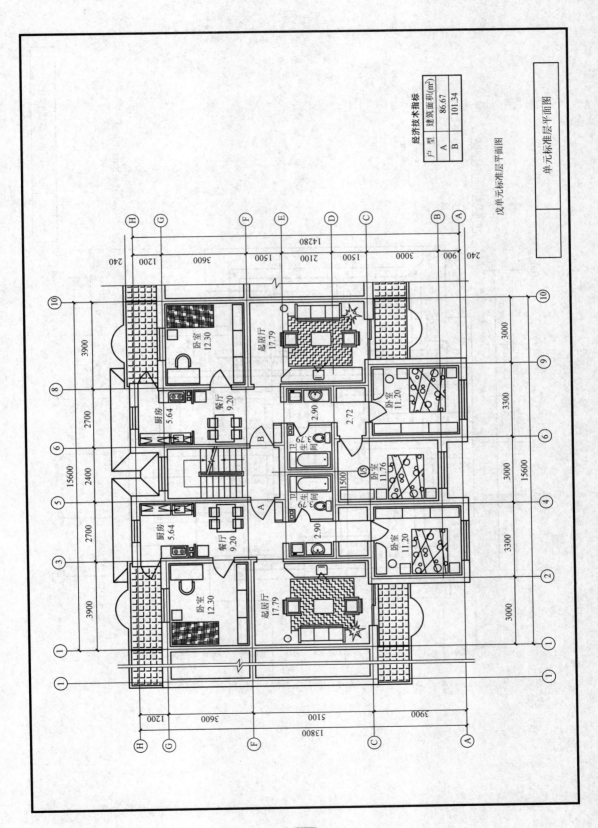

经济技术指标

户型	建筑面积(m²)
A	86.67
B	101.34

戊单元标准层平面图

单元标准层平面图

卧室 12.30

起居厅 17.79

餐厅 9.20

厨房 5.64

卧室 11.20

卫生间 3.79

卧室 11.76

卧室 11.20

卫生间 3.79

卧室 12.30

起居厅 17.79

餐厅 9.20

厨房 5.64

151

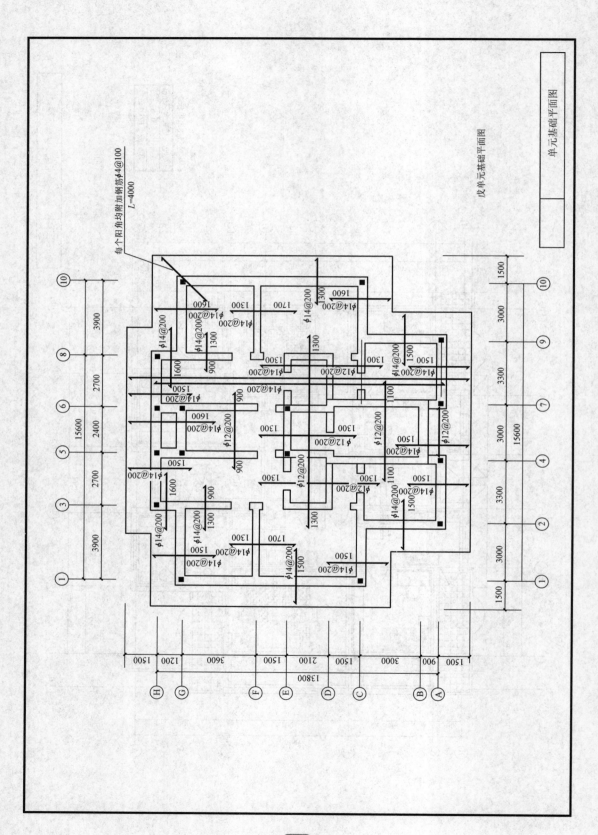

戊单元基础平面图

单元基础平面图

每个阳角均附加钢筋φ4@100
L=4000

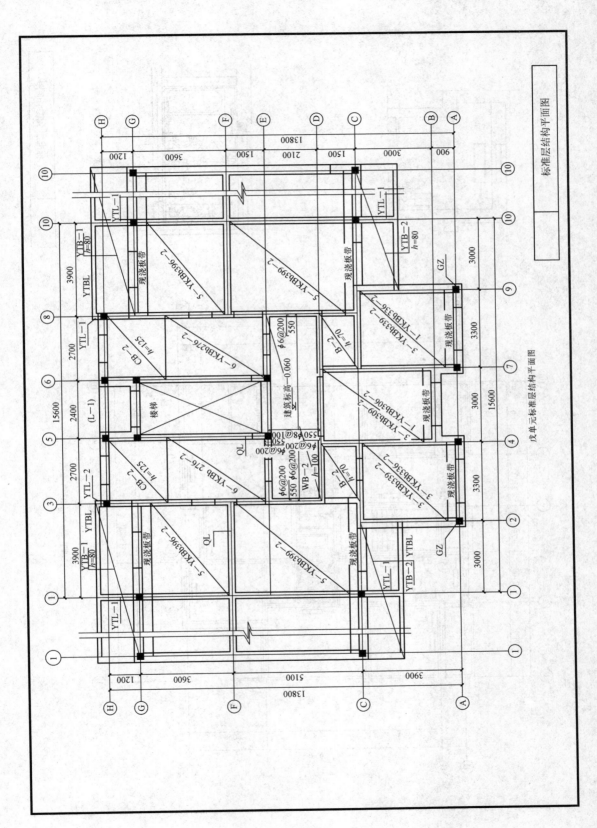

标准层结构平面图

戊单元标准层结构平面图

153

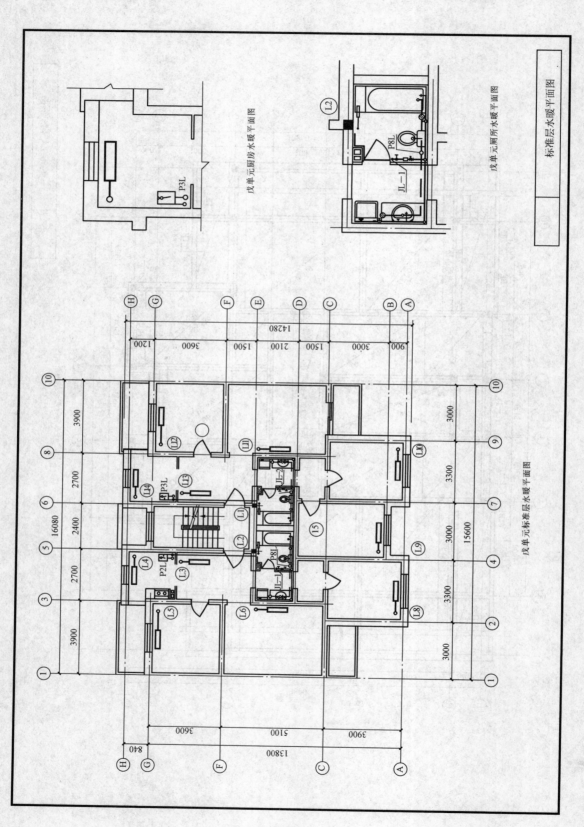

戊单元厨房水暖平面图

戊单元厕所水暖平面图

标准层水暖平面图

戊单元标准层水暖平面图

154

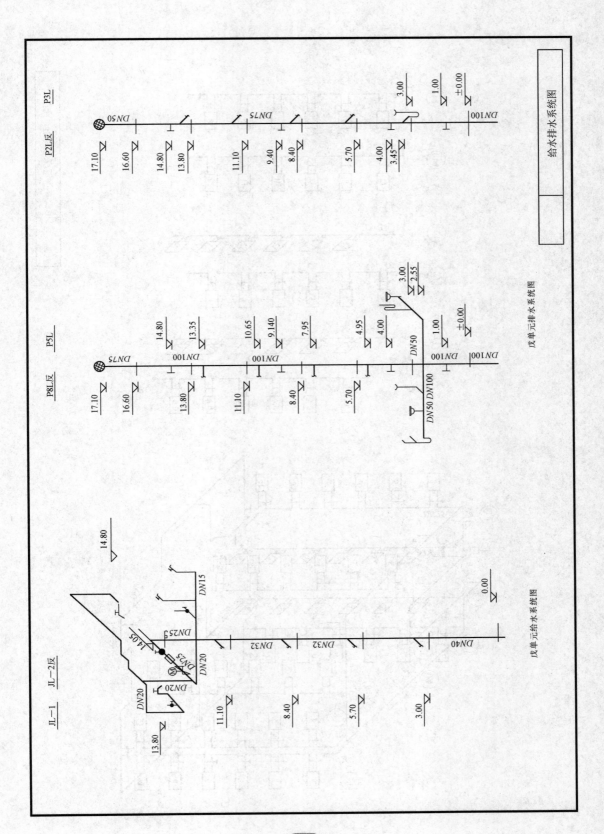

给水排水系统图

戊单元排水系统图

戊单元给水系统图

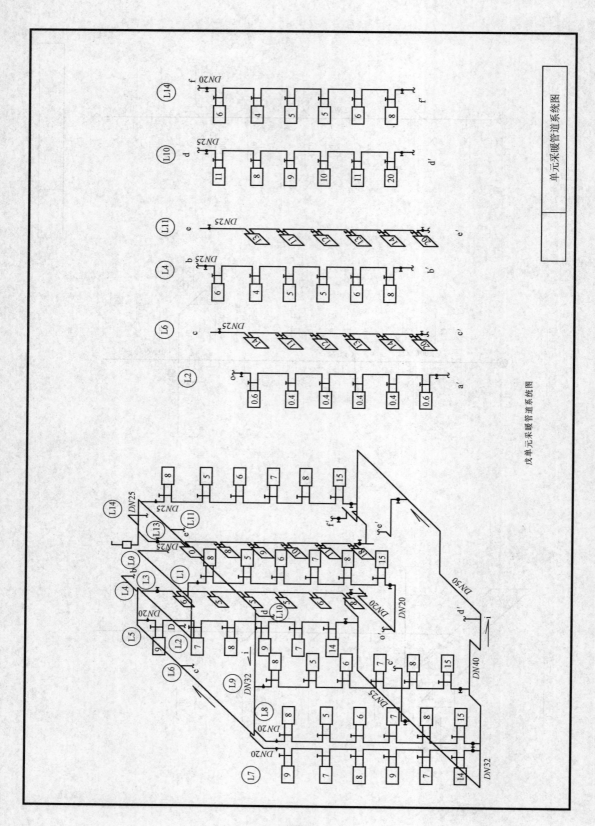

单元采暖管道系统图

戊单元采暖管道系统图

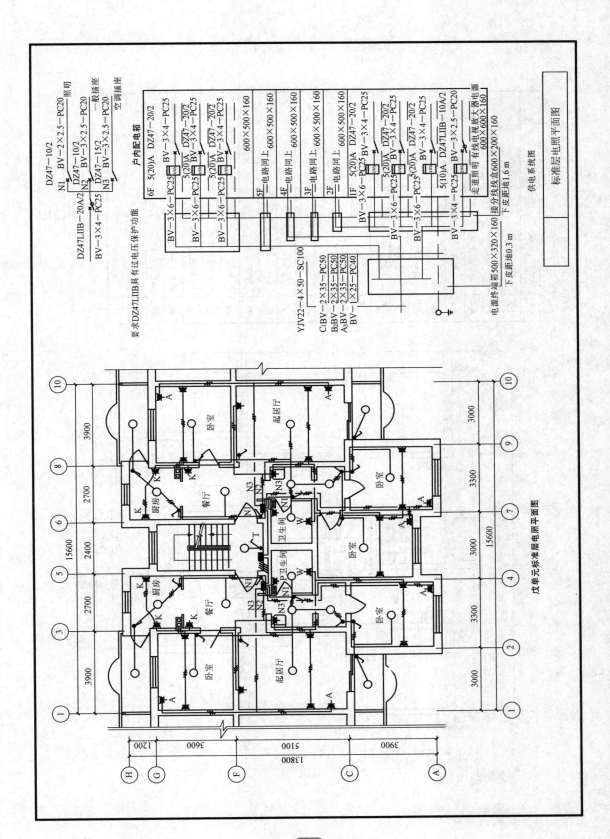

标准层电照平面图

供电系统图

戊单元标准层电照平面图

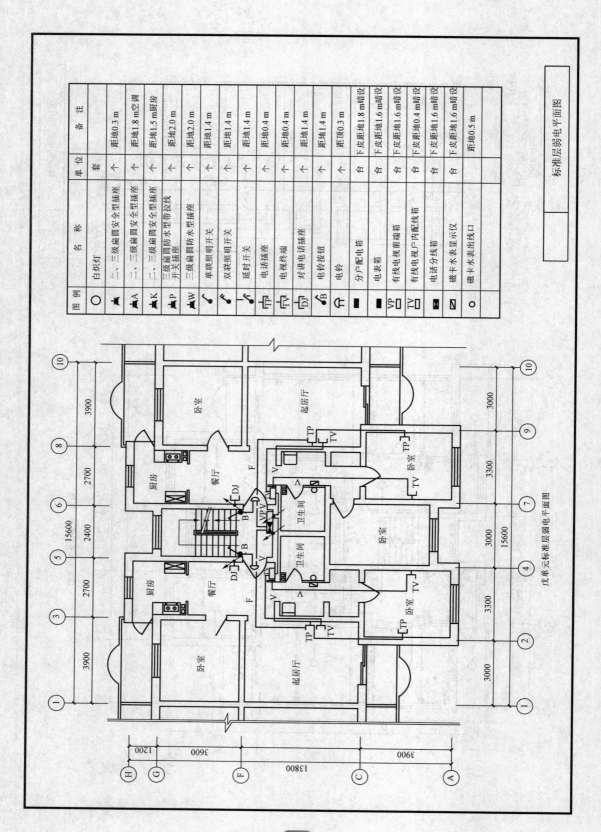

图例	名 称	单 位	备 注
○	白炽灯	套	
▲A	二、三级扁圆安全型插座	个	距地0.3 m
▲A	二、三级扁圆安全型插座	个	距地1.8 m空调
▲K	二、三级扁圆安全型插座	个	距地1.5 m厨房
▲P	三级扁圆防水型带拉线插座	个	距地2.0 m
▲W	开关插座	个	距地2.0 m
▲W	三级扁圆防水型插座	个	距地1.4 m
✫	单联照明开关	个	距地1.4 m
✦	双联照明开关	个	距地1.4 m
✗	延时开关	个	距地0.4 m
⌷TP	电话插座	个	距地0.4 m
⌷TV	电视终端	个	距地1.4 m
⌷DJ	对讲电话插箱	个	距地1.4 m
⌷B	电铃按钮	个	距地1.4 m
⌂	电铃	个	距顶0.3 m
■	分户配电箱	台	下皮距地1.8 m暗设
■	电表箱	台	下皮距地1.6 m暗设
VP□	有线电视前端箱	台	下皮距地1.6 m暗设
TV□	有线电视户内配线箱	台	下皮距地0.4 m暗设
⊠	电话分线箱	台	下皮距地1.6 m暗设
⊠	磁卡水表显示仪	台	下皮距地1.6 m暗设
○	磁卡水表出线口	个	距地0.5 m

标准层弱电平面图

戊单元标准层弱电平面图

五、单身职工宿舍建筑施工图

设 计 说 明

(1) 本工程为红旗机床厂单身宿舍，4层，局部5层，平面形式为一字形，内走廊，建筑面积为1120m²。

(2) 总平面布置。本工程位于工厂生活区内，厂科技楼一侧，坐北朝南，一式三栋，如下图所示。

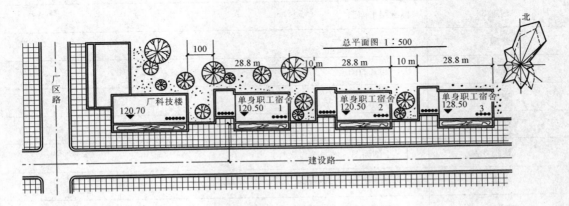

(3) 新建宿舍底层室内地面±0.000，相当于绝对标高120.50。

(4) 本工程结构为一般砖混结构，标准砖内外墙厚240mm，横墙承重，预应力空心楼板、走道板、屋面板、卫生间为现浇楼板，斜梁式板。砖砌条形基础。

(5) 地面：面层为1:2，水泥砂浆厚20mm。垫层为C10级混凝土，厚60mm。基层为素土夯实。

(6) 楼面：面层为1:2，水泥砂浆厚20mm。基层为预应力钢筋混凝土空心板，高110mm，C20级细石混凝土嵌浆，板底勾缝，刷大白浆两遍。

(7) 屋面：预应力空心屋面板，高110，C20级细石混凝土嵌缝，炉渣混凝土找坡2%，厚60mm，1:3水泥砂浆找平，厚20mm，二毡三油柔性防水屋面。

(8) 楼梯：斜梁式楼梯，1:2水泥砂浆抹面，厚20mm。

(9) 花格：C20级细石混凝土，300mm×300mm×80mm，刷大白浆两遍。

(10) 踢脚线：高150mm，突出墙面10mm，1:2水泥砂浆。

(11) 散水：宽800mm，C10级混凝土，厚60mm，$i=10\%$，每隔7200mm设伸缩缝一道，宽10mm，热沥青灌缝。

(12) 外粉刷：外墙面，山墙面为1:2水泥砂浆，厚20mm，墙面分格，檐口为白水刷石，入口雨篷，柱为浅绿色水刷石，窗台线。过梁线山墙装饰柱为白水泥刷浆两遍。

(13) 内粉刷：混合砂浆打底，厚12mm，纸筋白灰，厚8mm，106内墙涂料两遍，高1.2m以上为白色。

(14) 门窗：木制门窗，洞口两侧预埋115mm×115mm×53mm木砖@1000，沥青防腐。

（15）油漆：木门窗刮铅油腻子，砂平后搓铅油两遍，刷米黄色调和漆两遍。楼梯钢扶手，刷铅油腻子磨平后，涂清漆两遍。走道和室内系绿色墙裙，高 1200mm。

（16）图中未尽事宜，由设计、施工、建设单位协商解决。

建 施 图 目 录

图 号	图 纸 内 容
建施 1	设计说明、建施图目录、门窗明细表、总平面图
建施 2	底层平面图
建施 3	标准层平面图
建施 4	五层平面图
建施 5	①～⑨立面图
建施 6	⑨～①立面图
建施 7	⑥～⑧立面图、Ⓐ～Ⓕ立面图
建施 8	Ⅰ-Ⅰ剖面图、墙身节点大样
建施 9	入口节点大样、花格详图
建施 10	五层屋顶平面图、节点详图
建施 11	楼梯间详图

门、窗 明 细 表

类　别	代　号	洞 口 尺 寸（mm）		数　量	备　注
		宽	高		
门	M$_1$	1000	2700	56	
	M$_2$	6960	2700	1	
窗	C$_1$	1800	1800	54	
	C$_2$	2100	1200	17	
	C$_3$	680	2400	48	
	C$_4$	3300	900	1	

建施 1	说明、图纸目录、总平面图

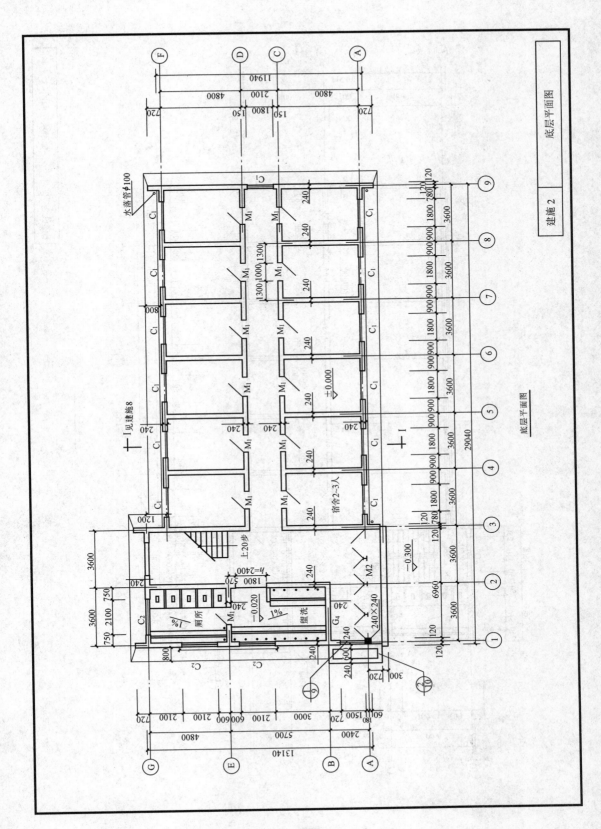

底层平面图

建施 2

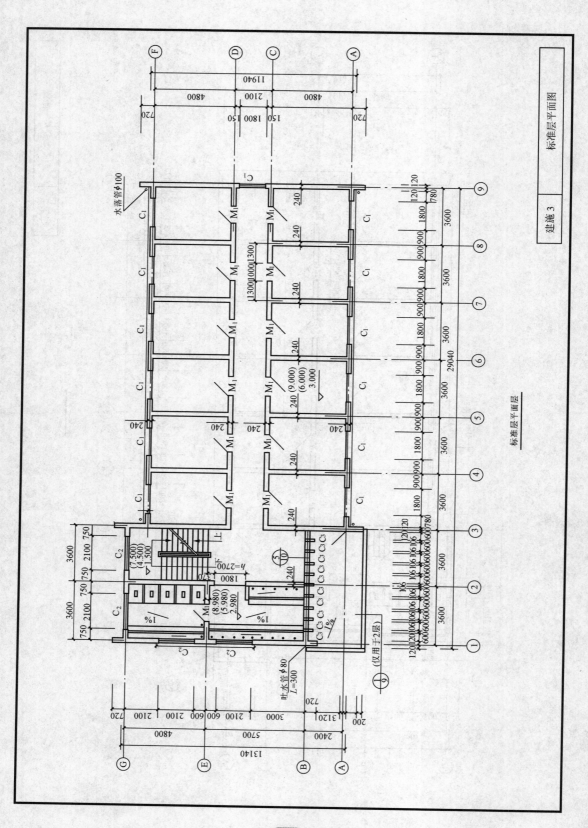

标准层平面图

建施 3

标准层平面层

162

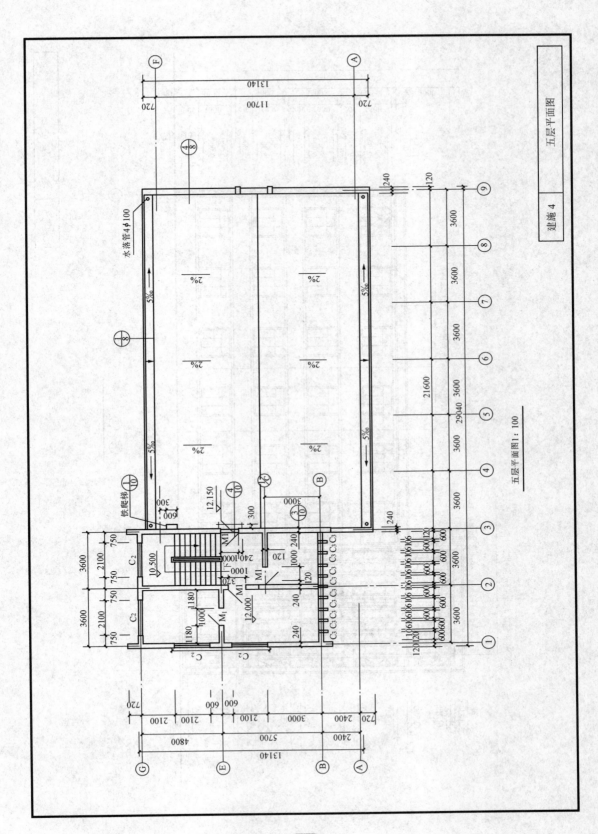

五层平面图 1：100

建施 4　五层平面图

163

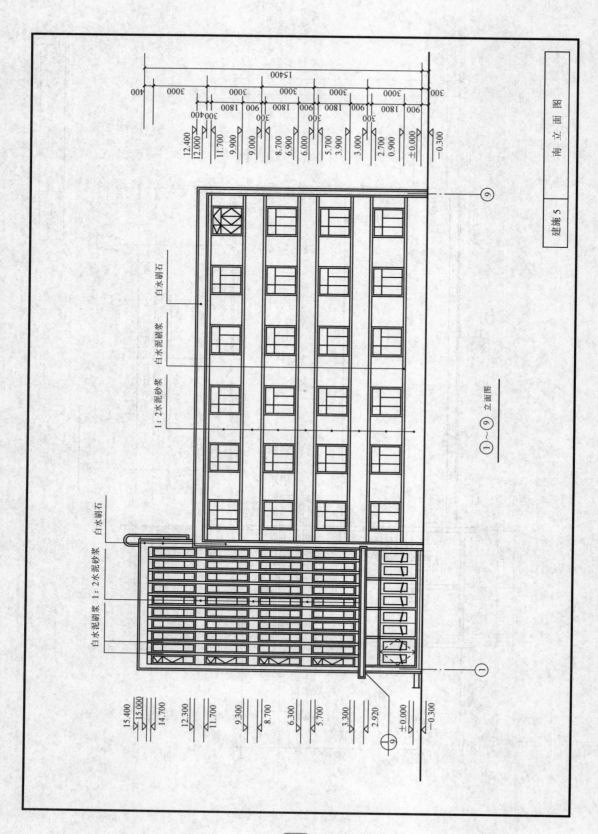

南 立 面 图

建施 5

①～⑨ 立面图

白水刷石
白水泥刷浆
1：2水泥砂浆

白水刷石
白水泥刷浆 1：2水泥砂浆

15.400
15.000
14.700
12.300
11.700
9.300
8.700
6.300
5.700
3.300
2.920
±0.000
−0.300

12.400
12.000
11.700
9.900
9.000
8.700
6.900
6.000
5.700
3.900
3.000
2.700
0.900
±0.000
−0.300

15400

300
3000
3000
3000
3000
3000
300

400
300 400
1800
900
1800
300
900
1800
300
900
1800
300
900
1800
900

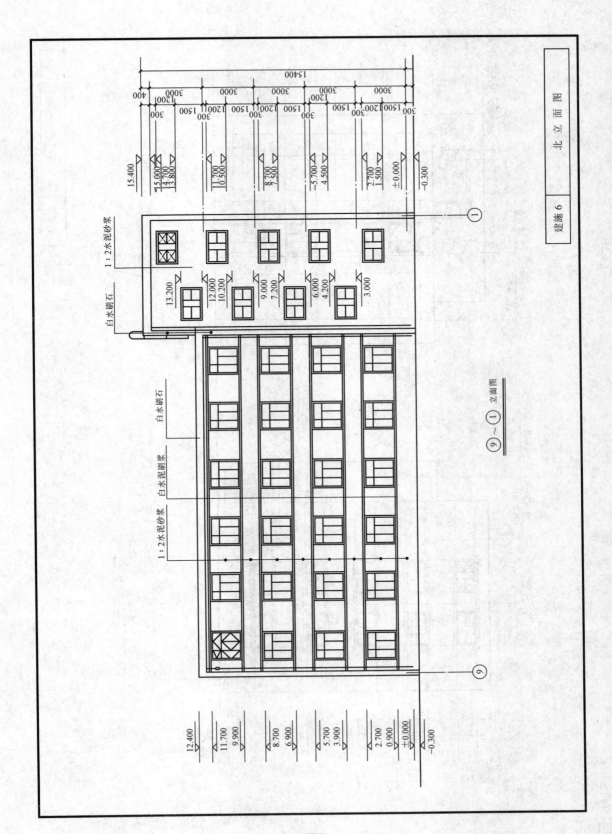

北 立 面 图

建施 6

①～⑨ 立面图

165

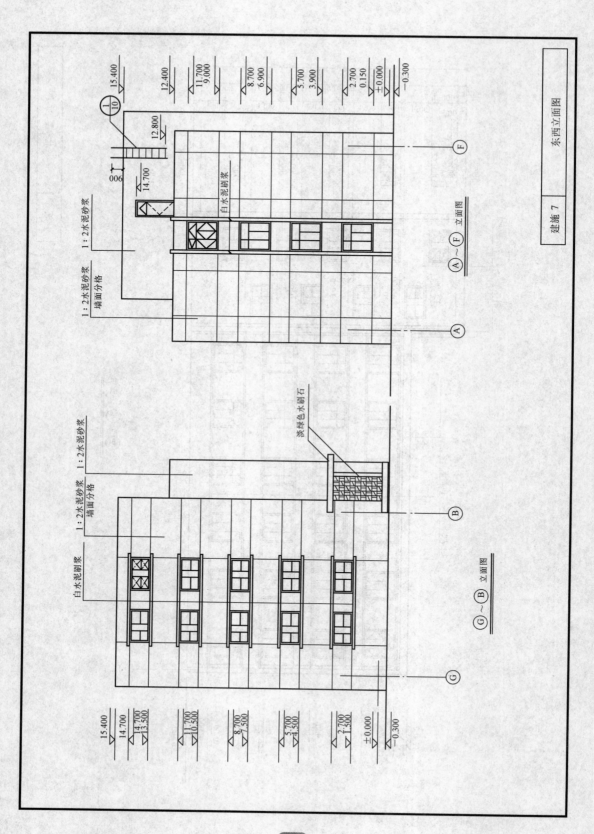

东西立面图

建施 7

G～B 立面图

A～F 立面图

白水泥刷浆

1:2水泥砂浆

1:2水泥砂浆
墙面分格

淡绿色水刷石

15.400
14.700
14.700
13.500
11.700
10.500
8.700
7.500
5.700
4.500
2.700
1.500
±0.000
−0.300

白水泥刷浆

1:2水泥砂浆

1:2水泥砂浆
墙面分格

12.800

14.700

006

15.400

12.400

11.700
9.000

8.700
6.900

5.700
3.900

2.700
0.150

±0.000
−0.300

B

G

F

A

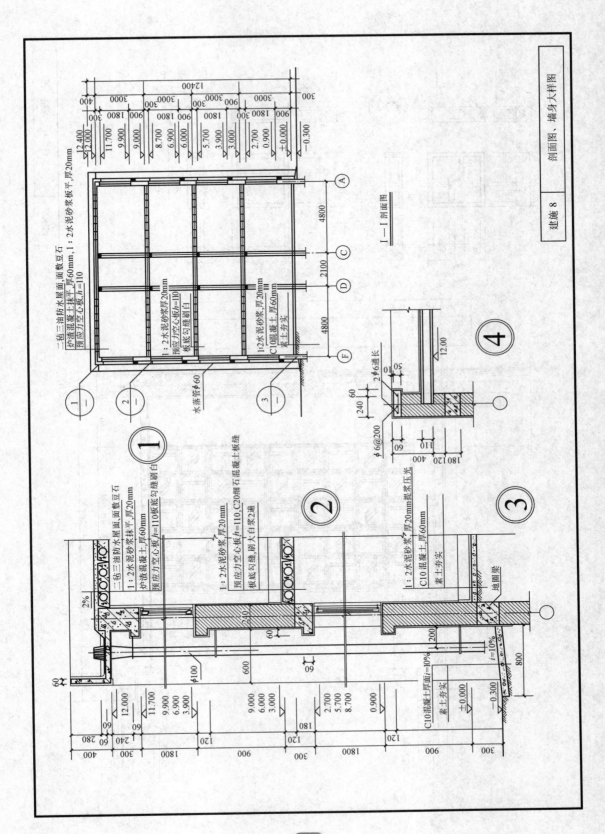

167

剖面图、墙身大样图

建施 8

I—I 剖面图

一毡三油防水屋面,面数豆石
炉渣混凝土抹平,厚60mm,1：2水泥砂浆抹平,厚20mm
预应力空心板 h=110

1：2水泥砂浆厚20mm
预应力空心板 h=110
板底勾缝刷白

1：2水泥砂浆,厚20mm
C10混凝土,厚60mm
素土夯实

水落管 φ60

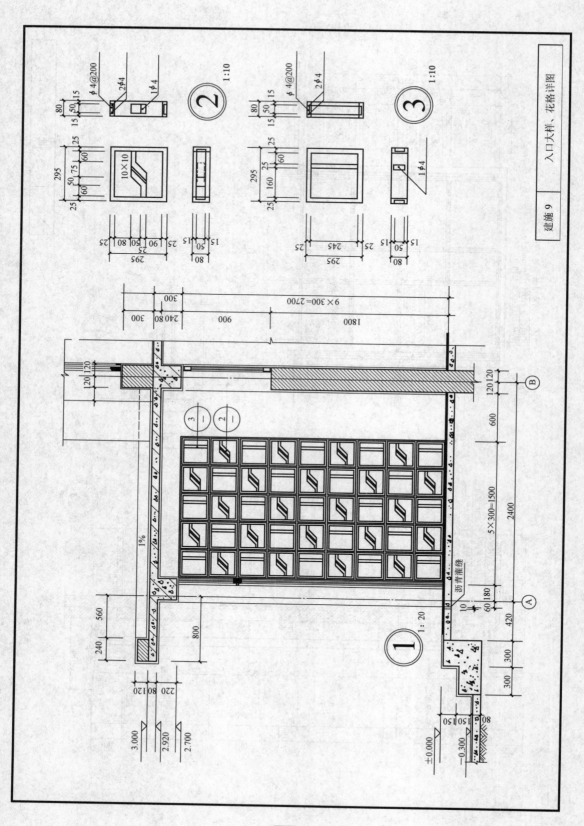

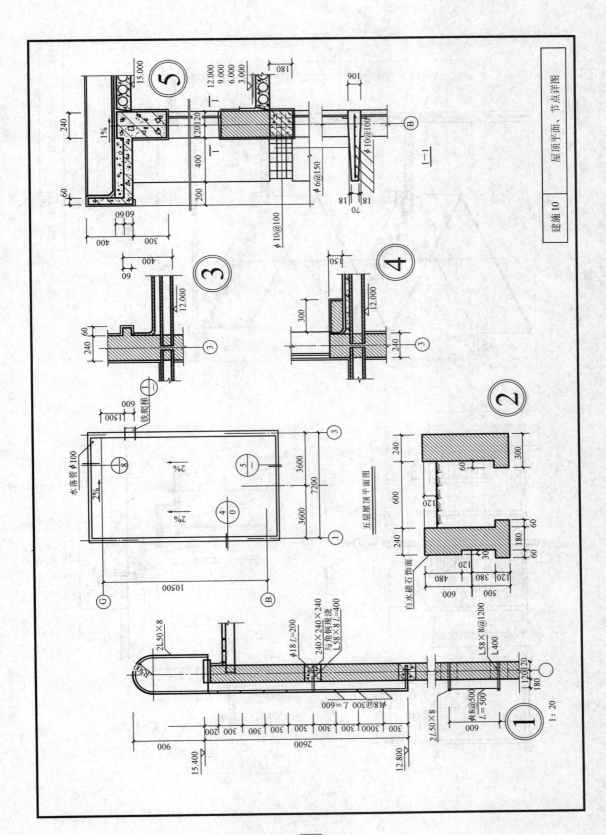

屋顶平面、节点详图

建施 10

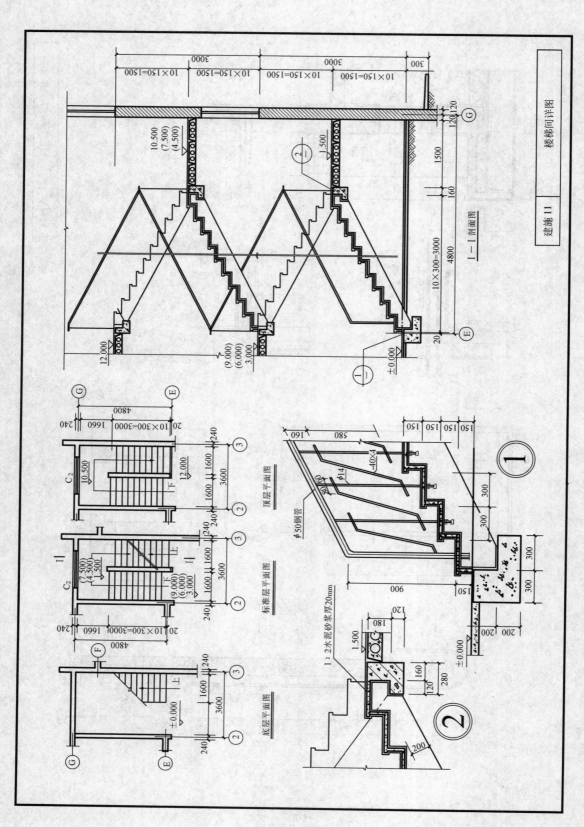

楼梯间详图

建施11

I—I剖面图

顶层平面图

标准层平面图

底层平面图

1:2水泥砂浆厚20mm

六、单身职工宿舍结构施工图

设 计 说 明

地基基础工程：

（1）本工程地基经设计院钻探，持力层为黏性土，容许承载力为 160kN/m²。

（2）基础垫层为 C10 级素混凝土，厚 200mm。

（3）砖砌基础为 MU10 标准砖，M5 水泥砂浆砌筑。

（4）地圈梁混凝土强度等级为 C15 级，钢筋为 HRB335 级。

（5）基础防潮层为 1：2 水泥砂浆厚 20mm，设在 −0.060 标高处。凡有地圈梁处，以地圈梁代防潮层。

（6）地基开挖后如出现淤泥，流砂等软弱地基应通知设计人员至现场共同研究解决。

砌砖工程：

（7）本工程 ±0.000 标高以上的砖墙按建施图设计为准。墙体为 MU7.5 级标准砖，M5 级水泥砂浆砌筑。

（8）凡支承钢筋混凝土梁（下设垫块）。板在砖墙上支承处应以 1：2 水泥砂浆找平，厚 20mm。

（9）砖墙的施工质量应按《砌体结构工程施工质量验收规范》（GB 50203）的有关规定执行。

钢筋混凝土工程：

（10）本工程选用标准图集的钢筋混凝土预制构件和其余构件，均为 C30 级混凝土，其他技术要求按有关规定办理。

（11）本图钢筋 φ 表示为 HPB335 级钢。Φ 表示为 HRB335 级钢，Φ b 表示冷拔低碳钢丝。

（12）本设计所用钢筋、水泥等材料均应有出厂合格证明，方能使用。

（13）空心板的板缝均用 C20 级细石混凝土灌筑。

（14）厕所间、盥洗间的现浇钢筋混凝土楼板均用 C20 级细石混凝土，并按防水混凝土配制。

（15）所有预埋铁件均应采用防锈措施，一般可用钢丝刷除锈后，刷红丹二度，再刷防腐漆一度。

（16）钢筋混凝土工程的施工质量均应按《混凝土结构工程施工质量验收规范》（GB 50204）的有关规定执行。

其他事项：

（17）本工程未尽事宜，经发现后，由建设单位、施工单位、设计单位共同协商研究解决。

构 件 统 计 表

序 号	构件名称	构件代号	所在图纸	数 量	备 注
1	空心板	YKB36A2	结 5	516	A＝500
2	空心板	YKB36B2	结 5	96	B＝600

序 号	构件名称	构件代号	所在图纸	数 量	备 注
3	檐口板	YB1	结6	8	
4	檐口板	YB1a	结6	2	
5	檐口板	YB1b	结6	2	
6	檐口板	YB2	结9	3	
7	檐口板	YB2a	结9	1	
8	小梁	L1	结4	20	
9	过梁	GL1	结5	18	现浇接头
10	过梁	GL2	结5	11	与圈梁迅速成整体
11	过梁	GL5	结5	3	现浇
12	过梁	GL4	结5	51	
13	平台梁	HTL1	结6	10	
14	楼梯斜梁	ZTL1	结7	20	
15	楼踏步板	TB—1	结6	100	
16	现浇板	XB1	结8	1	
17	现浇雨遮	YP1	结9	1	
18	垂直遮阳板		建10	36	
19	花格		建9	45	
20	现浇地圈梁	XQ1	结2	1	
21	现浇圈梁	XQ2	结3	4	

结 施 图 目 录

图 号	图 纸 内 容
结施1	设计说明、图纸目录、构件统计表
结施2	基础平面图、基础详图
结施3	二、三、四层楼面结构布置图
结施4	五层屋面结构布置图，五层楼面、四层屋面结构布置图
结施5	YKB36A2、YKB36B2、GL1、GL2、GL3（现浇）、GL4 构件图
结施6	HTL1、TB1、YB1、YB1a、YB1b
结施7	ZTL1 构件图
结施8	XB1 现浇楼板图
结施9	YP1、YB2、YB2a

结1	说明、图纸目录、构件表

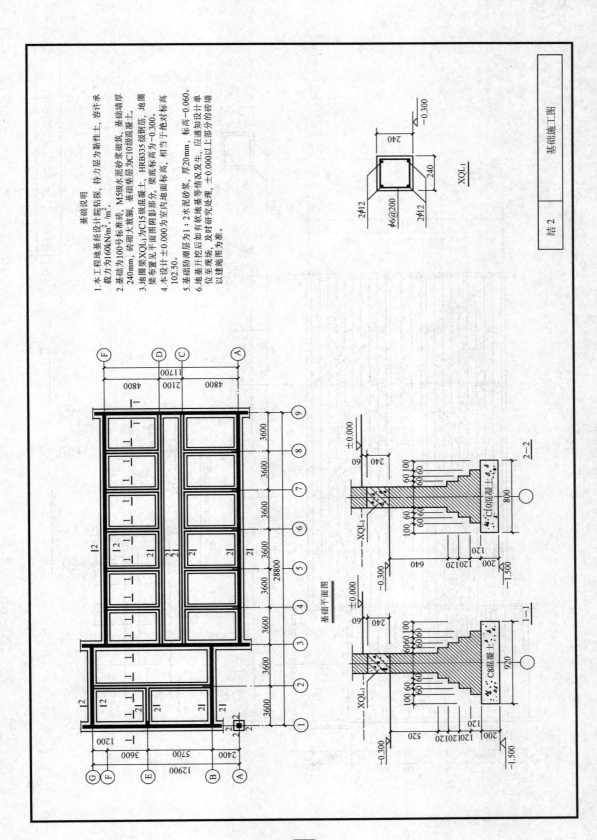

基础说明

1. 本工程地基经设计院钻探，持力层为黏性土，容许承载力为160kN/m²。/m²。
2. 基础为100号标准砖，M5级水泥砂浆砌筑，基础墙厚240mm，砖砌大放脚，基础垫层为C10级混凝土。
3. 地圈梁XQL₁为C15级混凝土，HRB335级钢筋，地圈梁布置见平面图阴影部分。梁底标高为−0.300。
4. 本设计±0.000为室内地面标高，相当于绝对标高102.50。
5. 基础防潮层为1：2水泥砂浆，厚20mm，标高−0.060。
6. 地基开挖后如有软地基等情况发生，应通知设计单位至现场，及时研究处理，以建施图为准。

XQL₁

基础平面图

1—1

2—2

结2   基础施工图

173

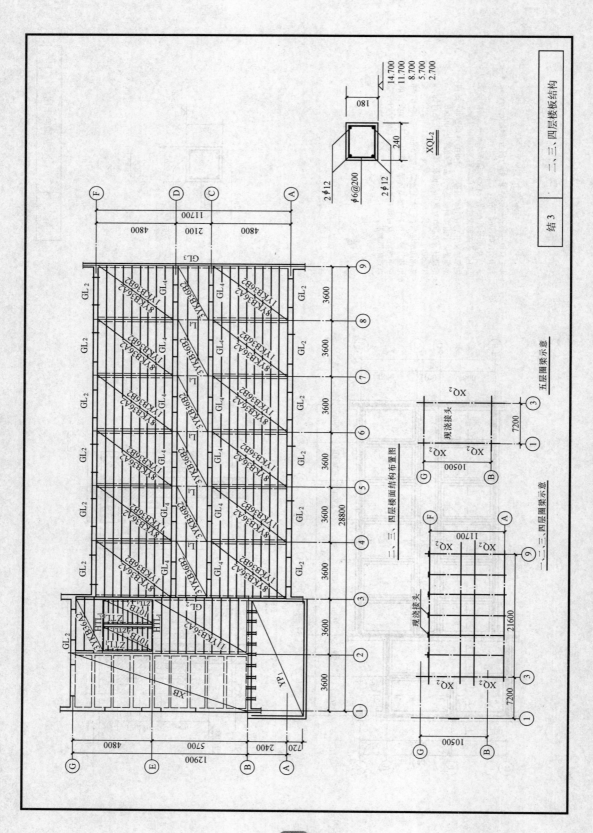

二、三、四层楼面结构布置图

二、三、四层圈梁示意

五层圈梁示意

二、三、四层楼板结构

结 3

174

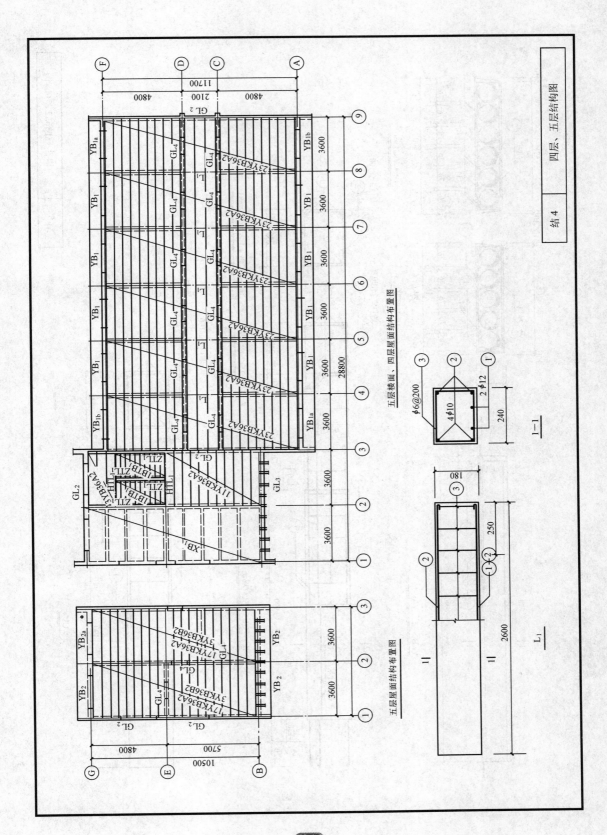

五层楼面、四层屋面结构布置图

五层屋面结构布置图

1—1

L₁

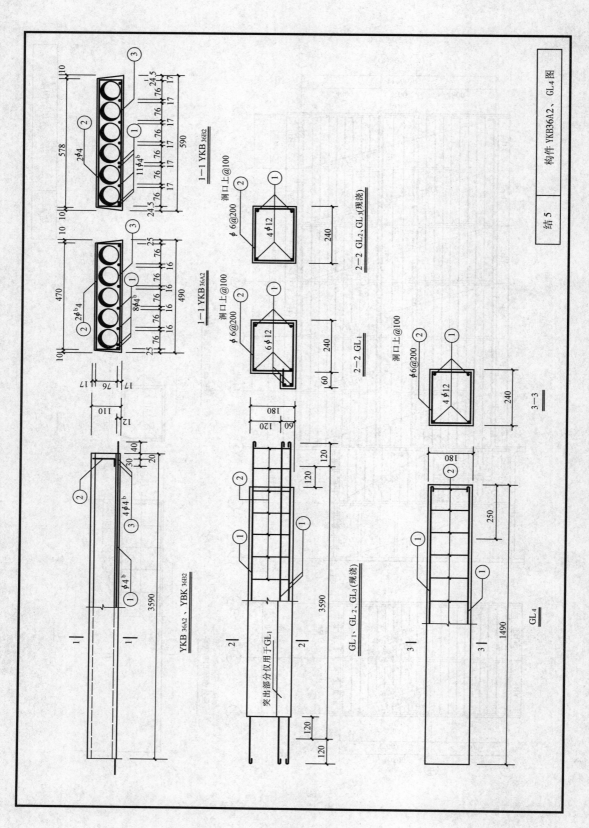

1—1 YKB$_{36B2}$

1—1 YKB$_{36A2}$

YKB$_{36A2}$、YBK$_{36B2}$

2—2 GL$_2$、GL$_3$(现浇)

2—2 GL$_1$

3—3

洞口上@100

洞口上@100

洞口上@100

ϕ6@200

ϕ6@200

ϕ6@200

4ϕ12

6ϕ12

4ϕ12

240

240

240

60

180

120 60

突出部分仅用于GL$_1$

GL$_1$、GL$_2$、GL$_3$(现浇)

GL$_4$

3590

3590

1490

120

120

120

120

250

180

4ϕ4^b

ϕ4^b

结 5　　　构件 YKB36A2、GL4图

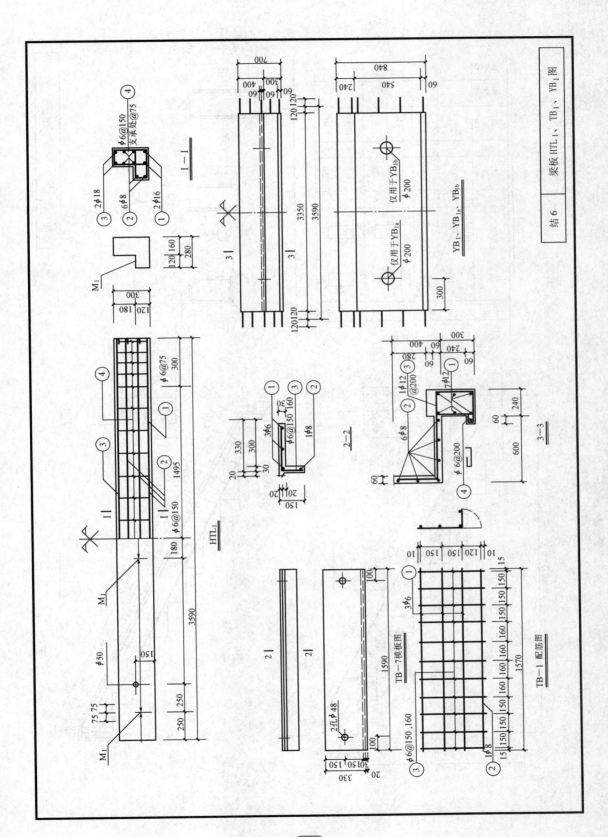

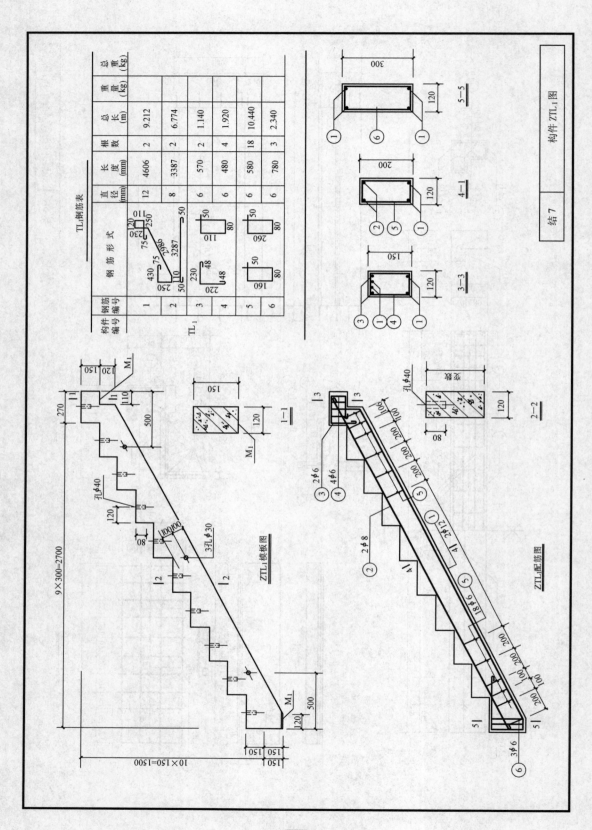

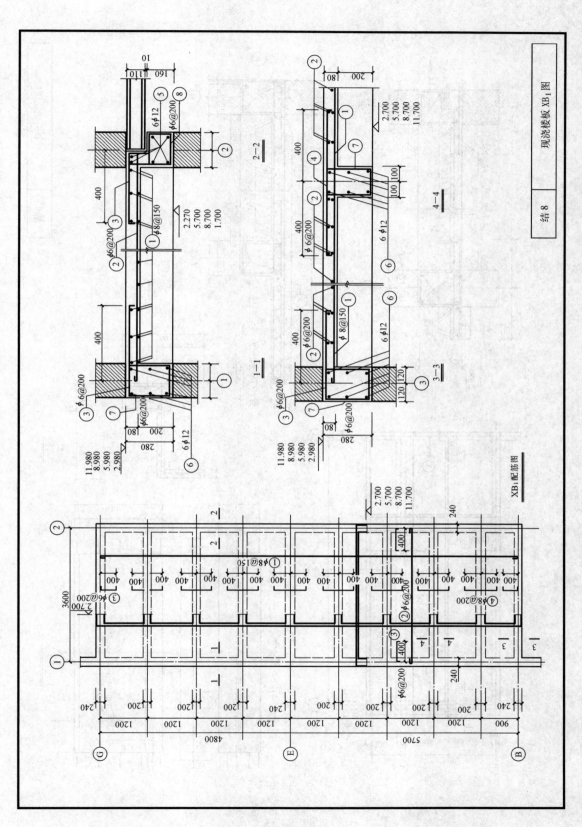

现浇楼板 XB₁图

结 8

2—2

1—1

3—3

4—4

XB₁配筋图

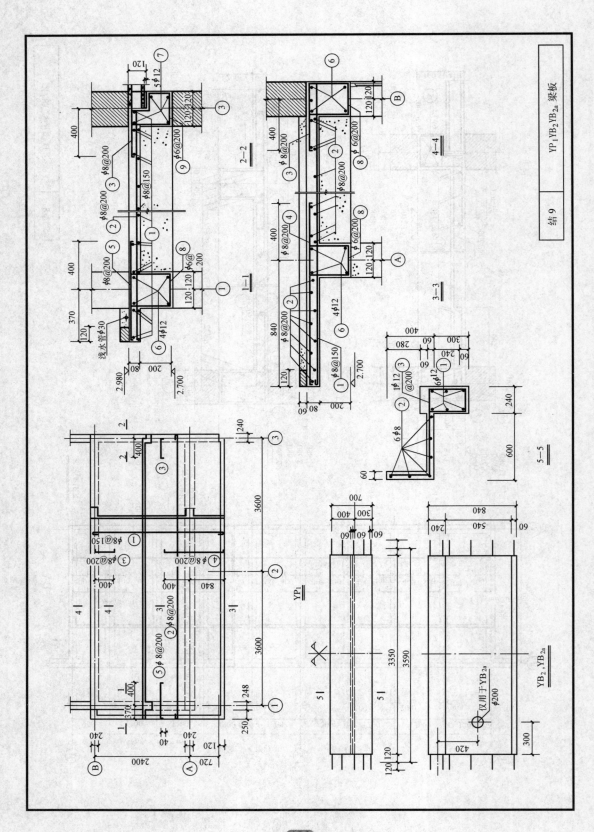

YP₁YB₂YB₂ₐ 梁板

结 9

2-2

1-1

3-3

4-4

5-5

YP1

YB₂, YB₂ₐ

仅用于 YB₂ₐ

180

参考文献

1. 张明正主编. 建筑结构施工图识图与放样. 北京：中国建筑工业出版社，1998.
2. 朱福熙主编. 建筑制图. 北京：高等教育出版社，1982.
3. 孙沛平编. 怎样看建筑施工图（第三版）. 北京：中国建筑工业出版社，1999.
4. 倪福兴编. 建筑识图与房屋构造. 北京：中国建筑工业出版社，1997.
5. 黄钟琏编著. 建筑阴影和透视. 上海：同济大学出版社，1989.
6. 国家标准. 总图制图标准 GB/T 50103—2010. 北京：中国建筑工业出版社，2010.
7. 国家标准. 建筑制图标准 GB/T 50104—2010. 北京：中国建筑工业出版社，2010.